中等职业教育大数据技术应用专业系列教材

大数据应用编程基础

DASHUJU YINGYONG BIANCHENG JICHU

主　编　曾长春　何　珊

副主编　吴翠燕　刘　军　郭嗣鑫

重庆大学出版社

图书在版编目（CIP）数据

大数据应用编程基础 / 曾长春，何珊主编. -- 重庆:
重庆大学出版社，2025.3

中等职业教育大数据技术应用专业系列教材

ISBN 978-7-5689-3897-6

Ⅰ.①大… Ⅱ.①曾… ②何… Ⅲ.①软件工具—程
序设计—中等专业学校—教材 Ⅳ.①TP311.561

中国国家版本馆CIP数据核字（2023）第230793号

中等职业教育大数据技术应用专业系列教材

大数据应用编程基础

主 编 曾长春 何 珊

副主编 吴翠燕 刘 军 郭嗣鑫

责任编辑：陈一柳 版式设计：章 可

责任校对：王 倩 责任印制：赵 晟

*

重庆大学出版社出版发行

出版人：陈晓阳

社址：重庆市沙坪坝区大学城西路21号

邮编：401331

电话：（023）88617190 88617185（中小学）

传真：（023）88617186 88617166

网址：http://www.cqup.com.cn

邮箱：fxk@cqup.com.cn（营销中心）

全国新华书店经销

重庆天旭印务有限责任公司印刷

*

开本：787mm × 1092mm 1/16 印张：9.75 字数：221千

2025年3月第1版 2025年3月第1次印刷

ISBN 978-7-5689-3897-6 定价：38.00元

前言

在当今高速发展的信息社会里，人们清楚地认识到大规模数据蕴藏的价值。大数据已经成了企业组织的又一重要资产，掌握运用大数据的能力则成为企业组织的重要社会竞争力。大数据技术迅速成为各行各业追捧的热门技术，由此形成了大数据技术人才的巨大空缺。为培养大数据技术紧缺人才和满足对人才的梯级需求，完善大数据人才培养体系，教育部在2021年发布的《职业教育专业目录》中，为高等职业教育本科、高等职业教育专科和中等职业教育分别新增了大数据工程技术、大数据技术和大数据技术应用专业。2021年全国职业教育大会指出，要一体化设计中职、高职专科、本科职业教育培养体系，深化“三教”改革，“岗课赛证”综合育人，提升教育质量。2021年中共中央办公厅、国务院办公厅印发的《关于推动现代职业教育高质量发展的意见》指出：“一体化设计职业教育人才培养体系，推动各层次职业教育专业设置、培养目标、课程体系、培养方案衔接”。这为职业教育进一步优化类型定位、强化类型特色，探索构建职业教育一体化人才培养体系指明了方向。为此，重庆市教育科学研究院职业教育与成人教育研究所组织部分具有丰富教改经验和较强研究能力的中职学校、高职院校、职业教育本科院校、大数据企业和教育研究机构以大数据技术专业建设为突破口，根据高素质技术技能人才的成长规律和培养目标，注重岗位标准向专业标准转化、专业标准向能力标准转化、能力标准向课程标准转化，开展“三阶贯通、循序渐进、通专融合”一体化课程体系的整体构建，实现分段人才培养目标的有机衔接、课程内容和结构的递进与延展。对能力开发、教学标准、人培方案、课程标准、评价制度等进行一体化设计与开发，构建起中高本无缝衔接的“基础 + 平台 + 专项 + 拓展”的一体化课程体系，为向社会各行业高效、高质地培养各级各类专业技术人才提供基本遵循。

大数据应用编程是职业院校中高本一体化课程体系中大数据应用技术专业核心课程之一，是重庆市教育委员会2022年职业教育教学改革研究重大项目“职业教育中高本一体化人才培养模式研究与实践”（项目编号：ZZ221017）以及重庆市教育科学“十四五”规划2023年度教学改革研究专项重点课题“职业学校现代信息技术专业（群）‘岗课赛证’融通教学改革实践研究”（课题批准号：K23ZG1090060，主持人：钟勤）的研究成果。

本书在内容的编排上遵循了由浅入深、循序渐进的原则。先从基础语法入手，使学习者具备基础分析能力，紧接着以综合案例的形式分别介绍数据获取、数据存储、数据处理、数据可视化等过程。本书属于数据处理可视化呈现入门级书籍。

下面简要介绍本书的主要内容。

项目一　数据分析处理：介绍 Python 语法特征，以及使用基础语法知识实现基本的数据分析处理的方法，使读者拥有基本的数据分析意识。

项目二　实现数据爬虫：介绍网络爬虫，使读者能使用不同的库实现网络爬虫。

项目三　导入数据集：介绍文件的类型与特点及相对于库的使用方法，使读者能将获取的数据存储为不同格式的文件。

项目四　清洗处理数据：操作存储的数据，处理数据格式、异常值、缺失值、重复值，以及解决编码问题。

项目五　数据可视化：将有效数据用不同的图形进行可视化呈现，介绍对应的可视化库。

本书由曾长春、何珊担任主编，吴翠燕、刘军、郭嗣鑫担任副主编。其中，项目一、项目五由何珊、曾长春编写，项目二由吴翠燕编写，项目三由刘军编写，项目四由何珊、郭嗣鑫编写。

大数据应用技术基础是一门实践性很强的课程。读者在学习书本内容时要加强操作练习，才能掌握书中介绍的知识和技能。由于编者水平有限，书中难免有不妥和错误之处，恳请读者批评指正。

编　者

2023 年 6 月

目 录

数据分析处理

随着大数据技术的发展与成熟，大数据行业的应用也在不断深入。面对跨越、多维度的数据，数据分析为学生提供了信息资源。拥有数据驱动意识，能从数据中挖掘价值并将其充分利用会使学生更具有职业竞争力。从海量的数据中分析出存在的规律，可帮助企业指导业务发展。用于数据分析的工具种类繁多，由于其使用难度、场景、效率不同，常用的数据分析工具有基础数据分析（Excel）、专业的统计分析（Tableau）、编程数据分析（Python）等。其中，由于 Python 语法简单、可移植性强，使用 Python 代码可以迅速调用数据、计算需求，并记录每一步过程，Python 语言在大数据行业中应用广泛。

完成本项目需要具备的知识和能力：

- ◆ 掌握命令行解释器与 IDLE 的使用方法
- ◆ 变量、数据类型与数据运算
- ◆ 流程控制与数据结构
- ◆ 函数的定义与调用
- ◆ 类与对象
- ◆ 模块的定义与使用
- ◆ 程序异常处理

任务一 数据基础统计

〖任务描述〗

巨蟒公司主要从事大数据相关业务，爱学文具店向巨蟒公司提供了本年销量前 20 位商品的销售数据，其中包含了每个月的销售额、商品销售总数量等。爱学文具店希望巨蟒公司软件开发团队为其设计一个实现数据基础统计的程序，用于求前 20 位商品中某种品牌某类商品的销售总金额与商品的销售平均单价，好为明年的进货提供数据支撑，保证最高的盈利。

其中，爱学文具店的数据如图 1–1 所示。

类别	产品名称	1月销售额	2月销售额	3月销售额	4月销售额	5月销售额	6月销售额	7月销售额	8月销售额	9月销售额	10月销售额	11月销售额	12月销售额	数量
钢笔	大王	8659	850	1150	1502	1186	8659	1260	342	389	2091	268	3538	460
文具盒	友友	588	228	397	4340	446	588	634	1282	3142	237	24	203	484
铅笔	铅顺	1638	932	135	490	1390	1638	1897	1599	722	808	1212	27	6244
钢笔	小王	1204	292	326	731	663	1204	1370	1507	775	363	275	353	259
圆珠笔	圆润	1272	1935	185	345	2570	1272	837	2016	13261	45	247	1591	12789
钢笔	大雄	1738	267	158	2778	932	1738	338	772	866	604	361	924	287
铅笔	小米	1390	272	561	731	292	1390	35621	138	599	1040	123	1686	14615
作业本	蓝酷	250	510	3186	6665	1935	250	417	51	2317	74	1613	5527	7599
纸张	古典	834	143	463	3847	267	834	878	617	4366	1383	7266	5450	4391
圆珠笔	大王	228	2314	192	800	272	228	215	267	2975	188	2334	1588	4641
橡皮	优雅	932	1198	131	332	510	932	5908	1742	4352	6765	339	5427	5713
纸张	小王	291	498	6366	457	143	291	2363	6482	1973	2314	297	6669	3518
圆珠笔	大雄	1935	391	927	1989	2314	1935	433	200	478	1193	956	2268	3755
作业本	友友	266	572	231	235	1198	266	1653	3859	5066	1893	2144	406	5930
作业本	小王	272	665	777	717	498	272	4667	6339	17765	2090	1878	5575	10379
圆珠笔	小王	510	567	1474	1054	391	510	96	291	672	192	4147	2304	3052
圆珠笔	得州	143	580	1702	251	572	143	2458	3090	2210	191	1411	134	2147
铅笔	古典	2314	386	4014	386	665	2314	1047	304	167	699	717	12605	6404
圆珠笔	古典	1198	295	601	295	567	1198	467	1148	870	96	482	268	2495
作业本	古典	497	8470	3424	8470	580	497	3926	87	112	423	26548	15351	8548

图 1–1 爱学文具店数据

〖知识准备〗

1.Python 语言的特点

Python 语言（简称 Python）是在 ABC 语言的基础上发展而来的一种面向对象的解释型编程语言。Python 语言的特点主要体现在 Python 的注释和缩进规则两方面。

（1）Python 的注释

注释的主要作用是提高程序的可读性，辅助程序调试。注释可以出现在代码中的任何位置，Python 解释器在执行代码时会自动忽略注释。

- 单行注释。以井号“#”作为符号。

语法格式为：# 注释内容

- 多行注释。以三个连续的单引号 ''' 或者三个连续的双引号 """ 作为符号。

语法格式为：

```
'''
这是我写的第一个程序
输出多行代码
```

```
这里面的内容全部是注释内容
'''
```

（2）缩进规则

Python 采用缩进和冒号“:”来区分代码块之间的层次。行尾的冒号表示下一个代码块的开始，缩进的结束则表示此代码块结束。4 个空格长度作为一个缩进量，一个 Tab 键表示 4 个空格。

2. 变量、数据类型与数据运算

（1）变量

● 变量。变量是指向特定值的名称。名称就像标签，用来标识某个东西。通过赋值运算符将值赋给变量，同时通过赋值运算符改变变量的值。

语法格式为：变量 = 值

● 标识符。标识符即名称，标识符命名规则：由数字（0—9）、字母（A—Z、a—z）、下划线（_）组成，只能以字母或下划线开头。

变量按照标识符命名规则进行命名，同时区分大小写。

●Python 保留字。保留字是已经定义过并且有特定含义的标识符。保留字不能用于变量名或自定义其他名。Python 中的保留字有：

```
and        as         assert     break      class
continue   def        del        elif       else
except     finally    for        from       False
global     if         import     in         is
lambda     nonlocal   not        None       or
pass       raise      return     try        True
while      with       yield      finally    await
```

（2）数据类型

● 字符串。由一对单引号或者一对双引号组成的一个或多个字符序列称为字符串。如果要显示字符串中的单引号，则应用双引号括起来；同理，要显示字符串中的双引号，则应用单引号括起来。

● 转义字符。遇到无法直接显示的符号，则采用转义字符来帮助显示，书写方式见表 1–1。

表 1–1　转义字符

符号	说明
\\	反斜杠（\）
\'	单引号（'）
\"	双引号（"）
\n	换行
\t	水平制表符

续表

符号	说明
\r	回车符
\f	换页符
\b	退格符
\a	响铃
\v	垂直制表符

- 原始字符。r 表示显示原始字符串内容，其语法格式为：r" 字符串 " 。
- 拼接字符串。将两个字符串用“+”连在一起，这种合并字符串的方法称为拼接，可使用存储在变量中的信息来创建完整的消息。
- 整数。由符号 0—9 十个数字组成的 1 位或多位数字，称为整数。整数可以采用不同的进制数来表示：

十进制数，例如：98；

八进制数，以 0o 或者 0O 开头，由符号 0—7 组成，例如 0o7 ；

十六进制数，以 0x 或 0X 开头 ，由符号 0—9、A—F 组成，例如 0xA9。

- 浮点数。带小数点的数字都称为浮点数，如 0.1、3.0、45.6 等。

（3）数据运算

运算符是告诉编译器执行特定的数学或逻辑操作的符号。例如：+、-、*、> 等。

表达式是由参与运算的数据与运算符组成的式子。例如：1+1、2<3。

运算符的优先级是指程序在执行表达式时，遇到多种运算符时优先选择执行的符号。例如：2+3*5 先计算 3*5，再计算加 2。

结合性是指同一优先级的运算符在表达式中操作的组织方向。例如：sum=1 将右边的值赋值给左边的变量，从右至左，称为右结合。

1+2+3 从左至右，先算 1+2 值为 3，3+3 值为 6，从左至右，称为左结合。

3. 常用运算符

- 算术运算符（表 1-2）

表 1-2　算术运算符

运算符	描述
+	加
-	减
*	乘
/	除
//	整除（只要商）
%	取余（得到余数）
**	幂运算

其中：

+ 运算符：当 + 用于数字时表示加法，当 + 用于字符串时，表示拼接字符串。

* 运算符：当 * 用于数字时表示乘法，当 * 用于字符串时，表示重复。

● 赋值运算符（表 1–3）

表 1–3 赋值运算符

运算符	描述
=	赋值（将右边的值赋给左边的变量）
+=	加赋值
−+	减赋值
*=	乘赋值
/=	除赋值
//=	取商赋值
%=	取余赋值
**=	幂赋值

● 逻辑运算符（表 1–4）

表 1–4 逻辑运算符

运算符	描述
and	逻辑与 A and B A 表达式与 B 表达式均为真，结果为真，否则为假
or	逻辑或 A or B A 表达式与 B 表达式均为假，结果为假，否则为真
not	逻辑非 not A 取反，如果 A 表达式为真，结果则为假

短路运算：从左往右，先判断第一个操作数。针对逻辑与，如果第一个操作数为假，则结束运算，结果为第一个操作数的值。针对逻辑或，如果第一个操作数如果为真，则结束运算，结果为第一个操作数的值。

逻辑值：True 表示真，False 表示假。非 0 的值表示真，0 值表示假。表达式成立表示真，表达式不成立表示假。真值可以用非 0 值表示，也可以用 True 表示。假值可以用 False 表示，也可以用 0 值表示。

4. 选择结构

选择是实现程序多样化的必备结构之一。根据不同的结果执行不同的代码，称为选择结构或者分支结构。实现选择结构的三种语句：if 语句、if else 语句和 if elif... else 语句。

(1) if 语句

条件表达式成立，则执行控制的代码块，否则不执行。

语法格式为：

```
if 条件表达式：
  代码块
```

(2) if else 语句

条件表达式成立，则执行 if 后面控制的代码块，否则执行 else 后面控制的代码块。

语法格式为：

```
if 条件表达式：
        代码块 1
else：
        代码块 2
```

(3) if elif ...else 语句

如果选择的情况大于两个，出现多个选择时，可以使用 if elif ... else 语句，实现多种选择。else 可以根据需要选择性使用。

语法格式为：

```
if 条件表达式 1：
  代码块 1
elif 条件表达式 2：
  代码块 2
elif 条件表达式 3：
  代码块 3
...//elif 语句
else：
  代码块 n
```

(4) 条件表达式

条件表达式又称为布尔表达式，是运算符与数据组成的表达式，值为 True 或者 False。条件表达式可以是数值、关系表达式、逻辑表达式等。

(5) 嵌套的选择结构

if、if else 和 if elif ... else，语句之间可以相互嵌套，在编程中可根据实际需要灵活使用嵌套。需特别注意的是，要时刻遵循缩进原则。

5. 循环结构

实现重复同样的步骤，称为循环。在 Python 中有两种循环，第一种是计数循环，重复一定次数的循环。第二种是条件循环，条件为真，反复执行循环体，直到条件为假时，跳出循环的执行。在数据处理时，求数据的总和、最大值、最小值、平均值等计算都是计算机通过循环操作来自动计算的。

（1）while 循环结构

while 循环是使用 while 循环语句实现条件循环。首先判断条件表达式（此条件称为循环条件）是否为真，如果值为真则执行代码块（此代码块称为循环体），执行完后返回到条件表达式继续判断表达式的值，直到表达式的值为假，跳出循环。

语法格式为：

while 条件表达式：

　代码块

（2）for 循环结构

for 循环又称为计数循环。它常用于遍历字符串、列表、元组、字典、集合等序列，逐个获取序列中的各个元素。格式中迭代变量用于存放从序列类型变量中读取出来的元素，循环的次数由序列中的个数决定。每一次循环称为一次迭代。

语法格式为：

for 迭代变量 in 序列：

　代码块

range（ ）函数：Python 内置函数，用于生成一系列连续整数。

语法格式为：range（值 1，值 2，step），从值 1 开始至值 2 前面的一个数结束，step 表示每次加的数值。

（3）嵌套的循环结构

将 for 循环或者 while 循环控制的代码块（循环体）变为 for 循环语句或者 while 循环语句，称为循环嵌套。for 循环与 while 循环可以相互嵌套，应结合实际需要灵活使用。将内循环看作一个整体，外循环每执行一次，内循环都要整体执行，直到内循环条件不成立跳出，才开始外循环下一次的执行。

语法格式为：

for 迭代变量 in 序列：

for 迭代变量 in 序列：

　代码块

（4）break 语句

break 语句用于终止整个循环，可用于跳出死循环、提前结束循环。一般情况下，break 与 if 搭配使用。

死循环是指循环条件表达式一直为真导致程序反复执行循环体，无法跳出循环。

（5）continue 语句

continue 语句用于跳出本次循环，提前进入下一次循环，一般情况下与 if 搭配使用。

6. 函数定义与调用

函数是用来实现单一或相关联功能的代码段，它可以被反复地使用。为了减少代码的重复，在程序中多次执行同一项任务时，可以使用函数来完成。这样程序的编写、阅读、测试和修复都将更容易。

（1）定义函数

● 输入函数 input（ ）

input（ ）用于接收一个标准输入数据，返回为 string 类型的值。

语法格式为：input（[prompt]），其中，prompt 为提示信息，可以省略。

● 输出函数 print（ ）

print（ ）用于输出字符串和数值类型的数据，还可以输出变量的值。在 Python 中，每一次输出后默认换行，可以通过修改 end 的值改变输出后是否换行。

语法格式为：print（objects, sep=' ', end='\n'）

objects——同时打印多个值。输出多个值时，要用逗号分隔。

sep——用来间隔多个对象，默认值是一个空格。

end——用来设定以什么结尾。默认值是换行符 \n，可以换成其他字符串。

● 自定义函数

语法格式为：

def 函数名（[参数列表]）:
　实现功能的多行代码
[return [返回值]]

注意：方括号里的内容表示可以省略。

（2）调用函数

● 调用函数就是让 Python 执行函数的代码。

针对无返回值的函数，采用直接调用，语法格式为：函数名（[实参]）。

针对有返回值的函数，采用赋值法调用，语法格式为：变量 = 函数名（[实参]）。

● 参数传递方式有值传递、地址传递等。

值传递：适用于实参为字符串、数字、元组等不可变数据。

地址传递：适用于实参为列表、字典等可变数据类型。

值传递和地址传递的区别：值传递时形参的值发生改变，不会影响实参的值；地址传递时，形参的值发生改变，实参的值也会一同改变。

（3）实参

● 位置实参

调用函数时，将函数调用中的每个实参都关联到函数定义中的每一个形参。按照实参的顺序相关联，这种关联方式被称为位置实参。实际参数的数量和位置与形参保持一致。

● 关键字实参

关键字实参是传递给函数的名称键值对，关键字实参让用户无须考虑函数调用中的实参顺序，清楚地指出了函数调用中各个值的用途。使用关键字实参时，必须准确地指定函数定义中的形参名。

● 默认参数设置

定义函数时，可给每个形参指定默认值。如果在调用函数时，给形参提供了实参，将使用指定的实参值；否则，将使用形参的默认值。给形参指定默认值后，可在函数调用中省略相应的实参。

使用默认值时，在形参列表中必须先列出没有默认值的形参，再列出有默认值的实参。这让 Python 依然能够正确地解读位置实参。

● 不定长参数

有的函数在定义时无法指明所有的参数，或是在调用时传入的参数个数比定义时的多，这就需要用到不定长参数。不定长参数主要有两种传入方式，一种是在参数名称前加星号“*”，以元组类型导入，用来存放所有未命名的变量参数。

（4）return 函数返回值

函数在处理一些数据后，可返回一个或一组值，被称为返回值。在同一函数中可以出现多个 return 语句，但只能返回其中一个。执行第一个 return 语句就会直接结束函数的执行。return 后可以跟返回值，也可以省略，省略时，返回空值 None。函数可返回任何类型的值，包括列表和字典等较复杂的数据结构。

（5）变量作用域

● 局部变量

在函数内部定义的变量，称为局部变量。它的作用域仅限于函数内部。形参是局部变量，只能在函数内部使用。

● 全局变量

在程序中，函数外定义的变量，称为全局变量（Global Variable）。全局变量既可以在各个函数的外部使用，也可以在各函数内部使用。

使用 global 关键字对变量进行修饰后，该变量就会变为全局变量。

（6）lambda 表达式

lambda 表达式的概念：Python 使用 lambda 关键字来创建匿名函数。如果一个函数的函数体仅有 1 行表达式，则该函数就可以用 lambda 表达式来代替。

lambda 表达式的特点：lambda 的主体是一个表达式，而不是一个代码块。表达式只能表示有限的逻辑。lambda 函数拥有自己的命名空间，且不能访问自有参数列表之外的参数。

针对单行函数，使用 lambda 表达式可以省去定义函数的过程，让代码更加简洁。针对不需要多次复用的函数，使用 lambda 表达式可以在用完之后立即释放，提高程序执行的性能。

lambda 表达式的语法格式为：

变量 =lambda [list]: 表达式

变量（list）

〖任务分析〗

实现任务的方法与步骤：

方法一	方法二
构建基本的编译环境，使用基本的语法格式； 使用变量、运算符构建表达式； 构建流程结构； 使用函数实现功能封装	此处由教师或学生自己思考方法实现任务

〖任务实施〗

1. 搭建编译环境

（1）搭建编程环境

Python 是一种跨平台的编程语言，它能够运行在 Linux、Mac OS、Windows 等所有主流的操作系统中。在不同的操作系统中搭建 Python 编程环境，存在一定差别。

以 Windows 系统为例，演示搭建编程环境。

①打开 Python 的官方网站，单击“Downloads”，如图 1-2 所示。

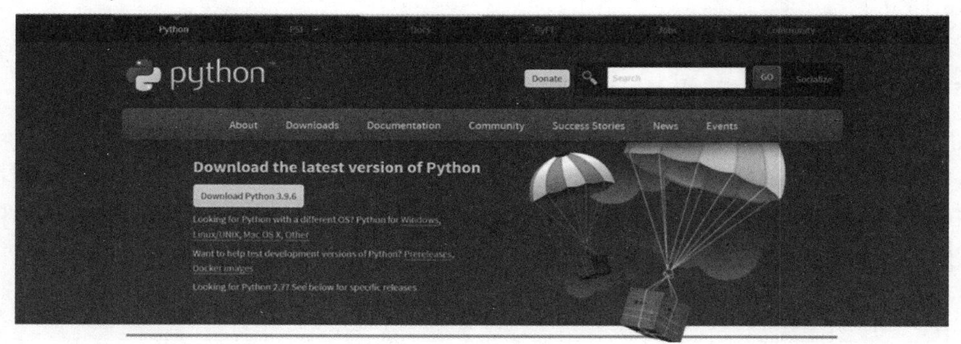

图 1-2 Python 官方网站

②找到“Python releases by version number”，选择软件版本，单击“Download”，如图 1-3 所示。

Release version	Release date		Click for more
Python 3.9.6	June 28, 2021	Download	Release Notes
Python 3.8.11	June 28, 2021	Download	Release Notes
Python 3.7.11	June 28, 2021	Download	Release Notes
Python 3.6.14	June 28, 2021	Download	Release Notes
Python 3.9.5	May 3, 2021	Download	Release Notes
Python 3.8.10	May 3, 2021	Download	Release Notes
Python 3.9.4	April 4, 2021	Download	Release Notes

View older releases

图 1-3 选择软件版本

③在版本界面找到“Files”，单击“Windows installer（64–bit）”，在弹出的文件保存框中单击“保存文件”（注意：如果操作系统为 32 位则选择 32–bit），如图 1–4 所示。

Files

Version	Operating System	Description	MD5 Sum	File Size	GPG
Gzipped source tarball	Source release		364158b3113cf8ac8db7868ce40ebc7b	25627989	SIG
XZ compressed source tarball	Source release		71f7ada6bec9cdbf4538adc326120cfd	19058600	SIG
macOS 64-bit Intel installer	Mac OS X	for macOS 10.9 and later	870e851eef2c6712239e0b97ea5bf407	29933848	SIG
macOS 64-bit universal2 installer	Mac OS X	for macOS 10.9 and later, including macOS 11 Big Sur on Apple Silicon	59aedbc04df8ee0547d3042270e9aa57	37732597	SIG
Windows embeddable package (32-bit)	Windows		cacf28418ae39704743fa790d404e6bb	7594314	SIG
Windows embeddable package (64-bit)	Windows		0b3a4a9ae9d319885eade3ac5aca7d17	8427568	SIG
Windows help file	Windows		b311674bd26a602011d8baea2381df9e	8867595	SIG
Windows installer (32-bit)	Windows		b29b19a94bbe498808e5e12c51625dd8	27281416	SIG
Windows installer (64-bit)	Windows	Recommended	53a354a15baed952ea9519a7f4d87c3f	28377264	SIG

图 1–4 选择操作系统版本

④运行安装程序，勾选“Add Python 3.9 to PATH”，选择自定义安装，勾选所有组件，单击“Next”，如图 1–5 所示。

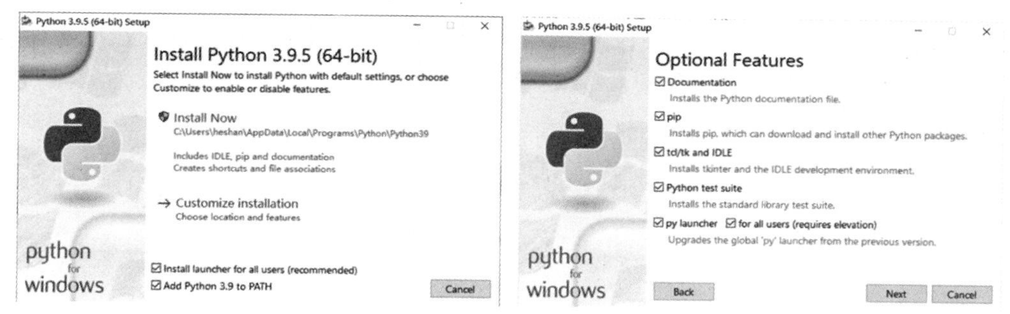

图 1–5 运行安装软件

⑤选择安装路径，单击“Install”，开始自动安装，如图 1–6 所示。

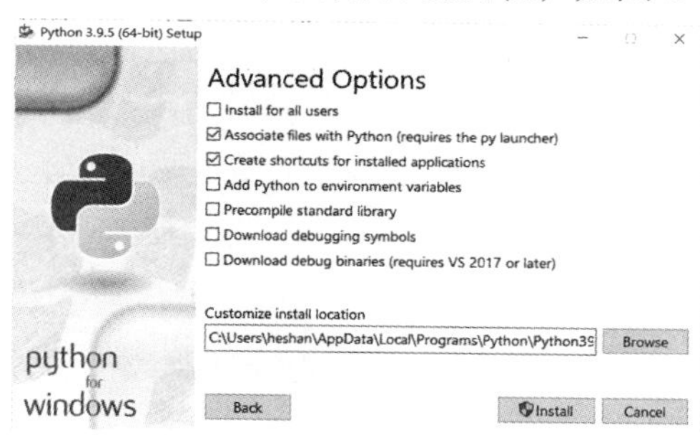

图 1–6 选择安装路径

（2）运行 Python 程序

使用 Python 自带的开发工具 IDLE 运行 Python 程序。

①单击开始，选择“Python 3.8”文件，单击 IDLE 工具，如图 1–7 所示。

注意：IDLE 是 Python 自带的开发工具。

②进入交互式编程环境，在“>>>”处输入“print（“hello Python”）”，回车，如图 1–8 所示。

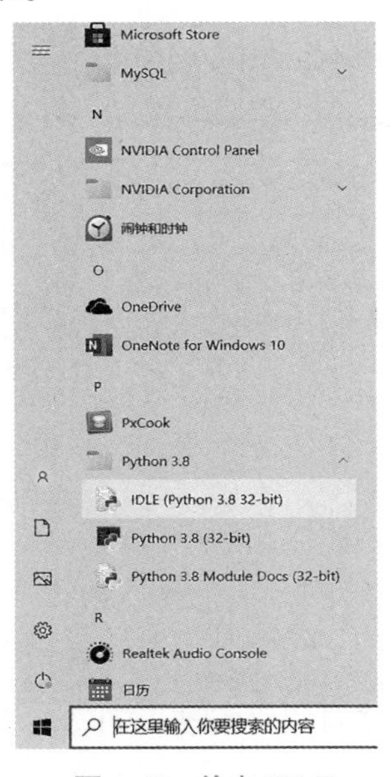

图 1–7　单击 IDLE

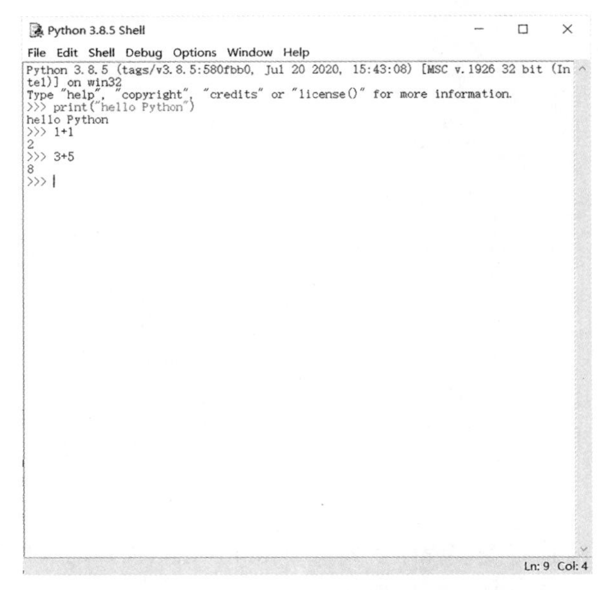

图 1–8　进入交互式编程环境

③创建脚本式编程，单击“File”→“New File”，创建工程文件，弹出未命名编辑窗口，如图 1–9 所示。

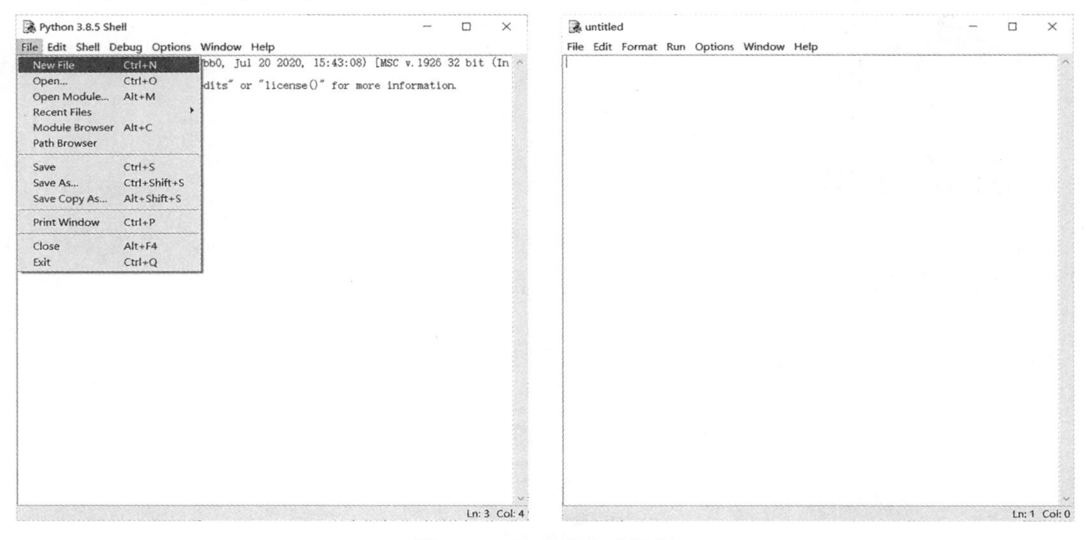

图 1–9　创建脚本式编程

④单击“File”→“Save As”保存在桌面上，生成一个命名为“练习 1.py”的源文件，如图 1-10 所示。

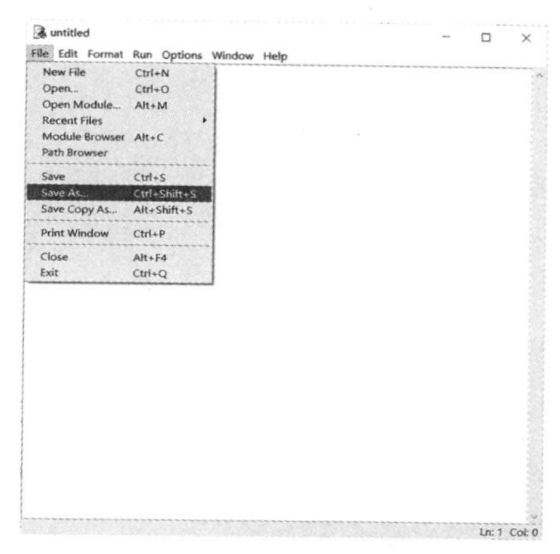

图 1-10 保存文件

⑤在文件中编写代码，单击“Run”→“Run Module”（或者按 F5）运行程序，如图 1-11 所示。

⑥在 IDLE 中查看运行结果，如图 1-12 所示。

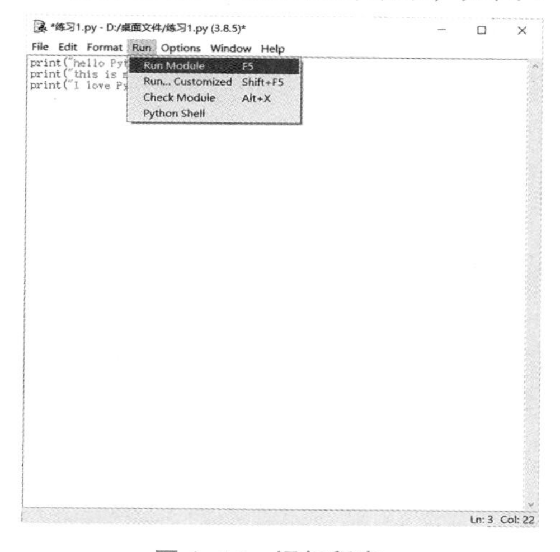

图 1-11 运行程序

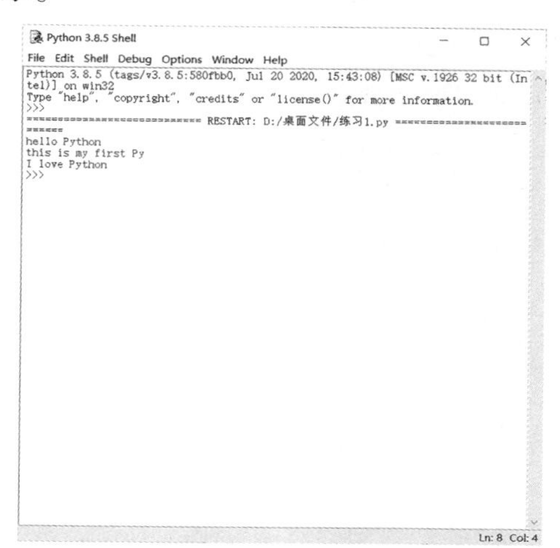

图 1-12 查看运行结果

做一做

使用 Python 自带的开发工具 IDLE 运行 Python 程序，实现单行内容与多行内容的输出，如下：

单行内容：

Hello Python

多行内容：

Hello Python

This is my first Py

I love Python

2. 使用变量、运算符构建表达式

（1）创建变量

```
#sum 用于求和
sum =0
# 用于输入每一个月的销售金额
num = int（input（" 请输入 "+str2+" 第 "+str（i）+" 月的销售总额 :"））
# 用于存放商品的类别与品牌
class1 =input（" 请输入商品类别： "）
brand =input（" 请输入品牌： "）
# 用于存放某商品销售数量
num2 =int（input（" 请输入销售数量 "））
# 用于存放某商品销售平均价
avg = sum / num2
# 用于存放调用函数返回的值
sum,avg=Sum（brand）
```

（2）确定运算表达式

```
# 累加实现求和
sum = sum+num
# 求平均值
avg = sum / num2
```

做 一 做

请按照标识符命名规则，列举 5 个变量。

命名变量 Name 并赋值为自己的姓名，输出变量值；修改 Name 的值为好朋友的姓名，再次输出变量值。

18 与 '18' 是同一个数值吗?

3. 构建流程结构

```
for i in range（1,13）:
    num = int（input（" 请输入 "+str2+" 第 "+str（i）+" 月的销售总额 :"））
sum = sum+num
```

做 一 做

求 |x| 绝对值（用 if 语句完成）。

输出 100 以内的个位数为 6 且能被 3 整除的所有数。

4. 构建函数实现封装

```
def Sum（str2）:
    sum =0
    for i in range（1,13）:
        num = int（input（" 请输入 "+str2+" 第 "+str（i）+" 月的销售总额 :"））
        sum = sum+num
    num2 = int（input（" 请输入销售数量 "））
    avg = sum / num2
return sum,avg
```

完整代码：

```
def Sum（str2）:
    sum =0
    for i in range（1,13）:
        num = int（input（" 请输入 "+str2+" 第 "+str（i）+" 月的销售总额 :"））
        sum = sum+num
    num2 = int（input（" 请输入销售数量 "））
    avg = sum / num2
    return sum,avg
class1 =input（" 请输入商品类别：" ）
brand =input（" 请输入品牌：" ）
sum,avg=Sum（brand）
print（brand+class1+" 的销售总额为 ",sum）
print（brand+class1+" 的销售平均单价为 "，avg）
```

〖任务检测〗

一、填空题

1. Python 中的缩进原则是：____________________________。
2. 逻辑运算符有______________、______________、______________。
3. break 的特点是____________________________________。
4. 定义函数 Add：

```
def Add（num1,num2）:
    return num1+num2
sum=Add（5,6）
print（sum）
```

将其 转换为 lambda 表达式：________________。

5. 写出 while 循环结构：____________________________。
6. 逻辑值中__________表示真，__________表示假。
7. 写出求 $\frac{11}{5}$ 余数的表达式____________________。
8. 写出求 $\frac{11}{5}$ 商的表达式________________________。
9. 写出判断闰年的表达式____________________。

二、实操题

1. 编写程序，要求输出陆游的诗“十一月四日风雨大作”。

十一月四日风雨大作

陆　游

僵卧孤村不自哀，尚思为国戍轮台。

夜阑卧听风吹雨，铁马冰河入梦来。

2. 编写程序，实现求 1 天有多少秒。
3. 编写程序，求 |x| 绝对值（用 if 语句完成）。
4. 编写程序，输出 100 以内的个位数为 6 且能被 3 整除的所有数。
5. 安装并配置 PyCharm。

〖任务评价〗

评价内容	识记	理解	应用	分析	评价	创造	问题
搭建编程环境，运行一个 Python 程序							
创建变量并且使用变量							
构建字符串							
选择结构							
循环结构							
函数的定义与使用							
教师诊断评语：							

任务二 排序与查找

〖任务描述〗

爱学文具店向巨蟒公司提供了大王钢笔每个月的销售数据（图 1–13），希望巨蟒公司软件开发团队为其设计一段代码实现排序与查找，用于分析月销售数据，为月进货量提供数据支撑。

类别	产品名称	1月销售额	2月销售额	3月销售额	4月销售额	5月销售额	6月销售额	7月销售额	8月销售额	9月销售额	10月销售额	11月销售额	12月销售额
钢笔	大王	8659	850	1150	1502	1186	8659	1260	342	389	2091	268	3538

图 1–13 爱学文具店的销售数据

〖知识准备〗

1. 列表

在 Python 中，最基本的数据结构为序列，序列有列表、元组、字符串等。序列中每个元素都有编号，即其位置（索引），通过索引的方式访问到每一个元素值。

列表（list）可以用来存储字符串、整数、浮点数、列表、元组等数据元素，它是用方括号“[ ]”括起来的有序元素序列，元素之间用逗号分隔。一个列表中既可以存放相同类型的数据，也可以存放不同类型的数据。

（1）列表的特点

列表中的元素按照某种顺序添加，这些元素就会保持这种顺序。通过编号即可访问这些元素。

创建列表的语法格式为：list=[element1，element2，…，elementn]

（2）列表的基础操作

- 访问与使用列表元素

访问列表元素，要用到列表的名称与索引值。索引是从 0 开始的数，索引值为 0 表示第一个元素，索引值为 1 表示第二个元素，依此类推。如果一共有 10 个元素，最大的索引值为 9，如图 1–14 所示。

语法格式为：列表的名称 [索引值]

'老虎'	'狮子'	'斑马'	'大象'	'河马'	'猴子'	‘豹子’	'浣熊'	'孔雀'	'鹿'
list2[0]	list2[1]	list2[2]	list2[3]	list2[4]	list2[5]	llst2[6]	list2[7]	list2[8]	list2[9]

图 1–14 列表的索引

Python 在访问一个列表元素时还可以从后往前，将索引指定为 –1 、–2 等，如图 1–15 所示。

'老虎'	'狮子'	'斑马'	'大象'	'河马'	'猴子'	'豹子'	'浣熊'	'孔雀'	'鹿'
list2[-10]	list2[-9]	list2[-8]	list2[-7]	list2[-6]	list2[-5]	llst2[-4]	list2[-3]	list2[-2]	list2[-1]

图 1-15 列表的负数索引

列表元素可像变量一样使用。

● 修改、添加和删除元素

①修改元素：通过重新赋值的方式修改列表里的元素值，既可以修改列表中的单个元素，还可以修改列表中的多个元素。例如：

>>> list2=['老虎','狮子','斑马','大象','河马','猴子','豹子','浣熊','孔雀','鹿']

>>> list2[2]='长颈鹿'

>>> list2

['老虎','狮子','长颈鹿','大象','河马','猴子','豹子','浣熊','孔雀','鹿']

②添加元素：可以采用不同的方法在列表中添加元素。

方法 1：使用方法 append（）在列表的末尾添加新的元素。创建一个空列表，用于存储将要输入的值，然后将每个新值附加到列表中。

语法格式为：列表名 .append（值）

方法 2：使用方法 insert（）在列表中任意位置插入元素，需要指定新元素的索引和值。

语法格式为：列表名 .insert（索引，值）

方法 3：使用“+”拼接的方式，将两个列表组合在一起。

语法格式为：列表＝列表 1 + 列表 2

方法 4：使用方法 extend（）将多个值附加到列表末尾。

语法格式为：列表名. extend（列表名）

③删除元素：可以根据元素所在的索引位置或元素值来删除列表中的元素。

方法 1：使用 del 关键字删除元素。

语法格式为：del 列表名 [索引值]

方法 2：使用方法 pop（）删除元素，可弹出列表末尾的元素，也可以弹出指定位置的元素。

语法格式为：列表名 .pop（索引值），当省略索引值时，默认弹出最后一个元素的值，并且可以直接使用这个值。

方法 3：使用方法 remove（）删除元素，remove（）只删除列表中第一个指定的值。

语法格式为：列表名 .remove（元素值）

方式 4：使用方法 clear（）删除列表的所有元素，清空列表。

语法格式为：列表名 .clear（）

● 使用 for 循环遍历列表中所有的元素

例如：

```
>>> for animal in ['长颈鹿', '大象', '浣熊']:
    print("动物园里有："+animal)
动物园里有：长颈鹿
动物园里有：大象
动物园里有：浣熊
```

● 使用切片操作处理列表中的部分元素

切片是访问序列中元素的一种方法，它可以处理序列中的部分元素，通过切片操作，可以生成一个新的序列。

语法格式为：列表名 [start : end : step]

start：开始索引位置（包括该位置），可以省略，省略后默认为 0。

end：结束索引位置（不包括该位置），可以省略，省略后默认为列表长度

step：间隔几个值（包含当前位置）取一次元素，可以省略。

（3）列表常用函数和方法

count（）用来统计某个元素在列表中出现的次数。

语法格式为：列表名 .count（元素值）

index（）用来查找列表中指定值第一次出现的索引位置。

语法格式为：列表名 .index（元素值）

reverse（）用于反转列表元素。

语法格式为：列表名 .count（元素值）

len（）用于求列表长度，通过这个方法可以确定索引的最大值。

语法格式为：len（列表名）

sort（）用于对列表进行直接排序，直接修改列表值。

语法格式为：列表名 .sort（）

sorted（）用于对列表进行临时排序，生成一个新的序列，不会对原列表产生影响。

语法格式为：sorted（列表名）

2. 元组

列表是可以修改的元素序列，可进行修改、删除、添加等操作。元组是不可以修改的元素序列，用来保存无须修改的内容。

（1）元组的创建

元组是使用小括号括起来的数据序列（小括号可以省略）。只要将各元素用逗号隔开，Python 就会将其视为元组。当创建的元组中只有一个字符串类型的元素时，该元素后面必须加一个逗号，否则 Python 解释器会将它视为字符串。

语法格式为：tuple=（element1，element2，...，elementn）

（2）访问元组元素

元组元素的访问方式与列表一样，也是使用索引来访问。

语法格式为：元组名[索引值]

由于元组是不可以修改的元素序列。如果要改变元组，只能创建一个新的元组去替代旧的元组，或者通过拼接元组的方式向元组中添加新元素。另外，Python 会自动销毁不用的元组，不需要手动删除。

3. 字典

通过名称来访问值的数据结构称为映射。字典是 Python 中唯一的内置映射类型，它的值不按顺序排列，并且存储在键下。键可能是数字、字符串、元组等。

（1）字典的定义与特点

● 字典的定义

字典是无序的可变元素序列，它的元素以键及其相应的值（称为“键值对（key-value）”）组成，每一个键值对称为一项。每个键与其值之间用冒号“：”分割，每一项元素之间用逗号“，”分割，整个字典放在花括号“{}”内。字典是通过映射的方式，将名称与值关联在一起，再通过名称访问值。

● 字典的特点

字典是无序序列，字典中的元素是无序的。字典中的键必须是唯一的，不支持相同的键。字典通过键来读取键对应的值。

由于字典中的键必须不可变，所以只能使用数字、字符串、元组来表示，不能使用列表。字典的值可以是 Python 支持的任意数据类型。

创建字典的语法格式为：dict = {'key'：'value1'，'key2'：'value2'，...，'keyn'：valuen}

（2）字典的基础操作

● 访问字典中的值，如果键不存在，则会抛出异常。

语法格式为：字典名[key]

● 添加键值对。

语法格式为：字典名[key] = value

● 修改键值对，键（key）的名字不能被修改，只能修改值（value）。由于键名是唯一的，所以可以添加相同键名的元素替换已存在的键，达到修改元素值的目的。也可以直接修改键名对应的值。

语法格式为：字典名[key] = value

● 删除键值对，使用 del 语句实现。

语法格式为：del 字典名[key]

（3）字典的常用函数和方法

● get（）用来获取指定键对应的值。

语法格式为：字典名 .get（key，default），当键不存在，同时省略 default，get（）将返回空值 None。可手动设置 get（）的第二个参数 default 值用于提示用户。

● dict（）用于创建字典。

语法格式为：字典名 =dict（键 = 值，键 = 值 ...）

● 使用 fromkeys（）创建字典。

语法格式为：字典名 =dict.fromkeys（list，value=None）

● keys（）、values（）、items（）分别用于返回字典中的所有键、所有键对应的值、所有的键值对。

语法格式为：字典名 .keys（），字典名 .values（），字典名 .items（）

● copy（）用来返回一个具有相同键值对的新字典。

语法格式为：字典名 .copy（）

● pop（）和 popitem（）。pop（）用来删除指定的键值对，popitem（）用来随机删除一个键值对。

语法格式为：字典名 .pop（key）　字典名 .popitem（）

● setdefault（）用来返回 key 对应的 value。

语法格式为：字典名 .setdefault（key，defaultvalue），defaultvalue 表示默认值，可以省略，默认为 none。如果该 key 存在，那么直接返回该 key 对应的 value；如果该 key 不存在，则返回 key 设置的默认值 defaultvalue。

● update（）用来更新已有的字典。如果新的字典中已包含原字典对应的键值，那么原 value 会被覆盖；如果新的字典中不包含对应的键值对，则该键值对被添加进原字典中。

语法格式为：原字典 .update（新字典）

4. 集合

有一种既不是序列也不是映射的数据结构，被称为集合。

（1）集合的定义与特点

● 集合的定义

集合用来保存不重复的元素，它可以存储整数、浮点数、字符串、元组等数据类型。集合有两种类型，一种是 set 类型的可变集合，可以进行添加、删除元素的操作；一种是 frozenset 类型的不可变集合。

● 集合的特点

集合类似于列表，但集合中的每个元素都必须是独一无二的。可以通过遍历的方式访问集合元素。

（2）集合的创建与删除

● 使用花括号“{}”创建集合。

语法格式为：集合名 ={element1，element2，...，elementn}

● set（）函数用于创建集合，set（）函数为 Python 的内置函数，将字符串、列表、元组、range 对象等可迭代对象转换成集合。

语法格式为：集合名 =set（对象）

还可以使用 set（）函数去掉字典中出现的重复值。

例如：

```
>>> dict1={'zs': 18, 'li': 16, 'xw': 14, 'ag': 18}
>>> for values in set(dict1.values()):
    print(values)
16
18
14
```

● remove（）与 discard（）用于删除现有 set 集合中的指定元素。使用 remove（）删除不包含在集合中的元素时，会抛出 KeyError 错误。使用 discard（）删除不包含在集合中的元素时，则不会出错。

语法格式为：集合名 .remove（element）

（3）集合的操作与运算

● 集合中的操作见表 1–5。

表 1–5　集合的操作

方法	语法格式
add（）	集合名 .add（）
clear（）	集合名 .clear（）
copy（）	集合名 2= 集合 1.copy（）
...	...

● 集合的运算见表 1–6。

表 1–6　集合的运算

运算符	描述
交集 &	取两集合公共的元素
并集 |	取两集合全部的元素
差集 –	取一个集合中另外一个集合没有的元素
对称差集 ^	取集合 A 和 B 中不属于 A&B 的元素

5. 类与对象

（1）面向对象编程

面向对象是一种思维方式，与函数相比，面向对象是更大的封装。可根据职责在一个对象中封装多个方法，不同的对象承担不同的职责。封装就是将各种类型的数据放在列表中，将实现某个功能放在函数中，将行为与特征放在类中。类和对象是面向对象编程的两个核心概念。

类是对一群具有相同特征或者行为的事物的一个统称，是抽象的，不能直接使用。其中特征被称为属性，行为被称为方法。类可以理解为是一个模板，通过它可以创建出无数个具体实例。例如：猫是一个类。

对象是由类创建出来的一个具体存在，可以直接使用。例如，加菲猫、暹罗猫、布偶猫、折耳猫都是猫类创建出来的实例对象，就拥有猫的特征，如锋利的爪子、敏锐的听觉等，拥有猫的行为，比如抓老鼠、抓鱼等。

（2）类与实例

- 创建类

创建类的语法格式：

```
class 类名：
属性
方法
```

例如：

```
class Cat（）：
  type='felidae'
  def __init__（self，name，age）：
    self.name=name
    self.age=age
  def miao（self）：
    print（"喵"）
  def trap（self）：
    print（"抓耗子"）
```

__init__（）是一个特殊的方法，每当创建一个类的实例对象时，Python 解释器都会自动调用它。__init__（）方法可以包含多个参数，但必须包含一个名为 self 的参数，且必须作为第一个参数，这是它固定的语法格式要求。它的语法格式为：

```
def __init__（self，...）：
  代码块
```

属性：类中的所有变量称为属性。

方法：类中的所有函数通常称为方法。

- 创建实例

创建类对象的过程，又称为类的实例化。它的语法格式为：

类名（参数）

例如：

```
my_cat=Cat（'花花'，2）
print（'猫的名字是'+my_cat.name）
print（'猫的年龄是'+str（my_cat.age））
my_cat.miao（）
my_cat.trap（）
```

运行结果：

```
=====RESTART：D：\桌面文件\导入类\cat.py =======
猫的名字是花花
猫的年龄是 2
喵
抓耗子
```

访问属性：实例化对象名.类属性。

例如：my_cat.name

调用方法：实例化对象名.类方法。

例如：my_cat.miao（）

定义类时，如果没有手动添加 __init__（）方法，又或者添加的 __init__（）中仅有一个 self 参数，则创建类对象时的参数可以省略不写。例如：

```
class Cat（）：
  def miao（self）：
    print（"喵"）
  def trap（self）：
    print（"抓耗子"）
my_cat=Cat（）    # 实例化对象
my_cat.miao（）  # 调用方法
my_cat.trap（）   # 调用方法
```

运行结果：

```
======= RESTART：D：\桌面文件\导入类\cat.py =========
喵
抓耗子
```

修改属性的值：通过访问属性直接修改，通过调用方法进行修改。

```
class Cat（）：
  type='felidae'
  def __init__（self，name，age）：
```

```
        self.name=name
        self.age=age
    def miao（self）:
        print（" 喵 "）
    def trap（self）:
        print（" 抓耗子 "）
    def tryname（self, name1）:  # 定义方法，修改属性的值
        self.name=name1
my_cat=Cat（' 花花 ', 2）
print（' 猫的名字是 '+my_cat.name）
print（' 猫的年龄是 '+str（my_cat.age））
my_cat.miao（）
my_cat.trap（）
my_cat.name=' 江江 '   # 访问属性，重新赋值
print（' 猫的名字是 '+my_cat.name）
my_cat.tryname（' 小鹏 '）# 调用方法，传入新的值
print（' 猫的名字是 '+my_cat.name）
```

运行结果：

```
=======RESTART: D: \ 桌面文件 \ 导入类 \cat.py ==========
猫的名字是花花
猫的年龄是 2
喵
抓耗子
猫的名字是江江
猫的名字是小鹏
```

6. 程序异常处理

（1）异常

异常表示 Python 程序执行时发生的一个错误。当出现异常时，程序就会停止执行；如果对异常进行了处理，程序将继续运行。

（2）处理异常

- try–except–else 语句

语法格式：

```
try:
    # 此处放运行代码
except <异常名称> as 变量:
# 如果在 try 部分引发了异常则执行此处代码
```

```
else:
# 如果没有异常发生时执行
```

注意：except 后可以不带任何异常类型，也可以带多种异常类型。变量存放返回的错误提示、异常名称及 as 变量可以省略。

例如：未找到相应文件导致发生异常。

```
try:
    with open ("1.txt") as f:
        f.write (" 用于测试异常 ")
except FileNotFoundError as erro:
    print (erro)
else:
    print (" 无异常，成功！ ")
```

● try-finally 语句

语法格式：

```
try:
# 此处放运行代码
finally:
# 此处放执行代码，始终都要执行
```

例如：

```
try:
    with open ("1.txt") as f:
        f.write (" 用于测试异常 ")
except FileNotFoundError as erro:
    print (erro)
finally:
    print (" 虽然出现了异常，但是也要执行 ")
```

● 使用 raise 语句定义触发异常

```
raise [Exception [, args ]]
```

语句中 Exception 是异常的类型，args 是自己提供的异常参数。

例如：

```
def fun (n) :
    if n<3:
        raise ValueError ("The length of N does not meet the standard!Invalid n", n)
    print (len (list1) )
try:
    list1 = [1, 2]
    fun (len (list1) )
```

```
except Exception as erro：
    print（erro）
else：
    print（"没有自定义触发异常！"）
finally：
    print（"无论是否触发异常都输出！"）
```

〖任务分析〗

实现任务的方法与步骤：

方法一	方法二
将数据存放到列表、字典中； 构建循环结构； 定义升序函数； 使用类实现封装； 创建实例化对象，调用类中的方法和属性	此处由教师或学生自己思考方法实现任务

〖任务实施〗

1. 使用列表、字典存放数据

```
# 使用列表用来存放大王钢笔 12 个月销售额数据
list1=[8659，850，1150，1502，1186，8659，1260，342，389，2091，268，3538]
# 使用字典存放大王钢笔每个月对应的销售额数据
dict1 ={
  "1 月 "：8659，"2 月 "：850，"3 月 "：1150，"4 月 "：1502，"5 月 "：1186，"6 月 "：8659，"7 月 "：1260，"8 月 "：342，"9 月 "：389，"10 月 "：2091，"11 月 "：268，"12 月 "：3538
}
```

2. 构建循环结构

```
for i in range（len（list1））：
    for j in range（len（list1）-i-1）：
        if list1[j] > list1[j+1]:
            list1[j]，list1[j+1]=list1[j+1]，list1[j]
```

3. 定义升序函数与查询函数

```
def ascending_order（list1）：
    for i in range（len（list1））：
```

```
            for j in range（len（list1）– i – 1）：
                if list1[j] > list1[j + 1]:
                    list1[j]，list1[j + 1] = list1[j + 1]，list1[j]
        max =list1[len（list1）–1]
        print（list1）
        return max
    def Seek（dict1，max）：
        for key，value in dict1.items（）：
            if max==value:
                print（" 销售量最高在 "，key）
```

4. 使用类实现封装

```
class Goods（）：
    def __init__（self，firm，category）：
        self.firm=firm
        self.category=category
    def ascending_order（self，list1）：
        for i in range（len（list1））：
            for j in range（len（list1）– i – 1）：
                if list1[j] > list1[j + 1]:
                    list1[j]，list1[j + 1] = list1[j + 1]，list1[j]
        max =list1[len（list1）–1]
        print（list1）
        return max
    def Seek（self，dict1，max）：
        for key，value in dict1.items（）：
            if max==value:
                print（" 销售量最高在 "，key）
```

5. 创建实例化对象，调用类中的方法和属性

```
# 创建实例化对象 pengs
pengs =Goods（str1，str2）
# 调用类属性并打印结果
print（' 商品厂商：'+pengs.firm）
print（' 商品类别：'+pengs.category）
# 调用类方法
max=pengs.ascending_order（list1）
pengs.Seek（dict1，max）
```

最终代码：

```
class Goods ( ) :
    def __init__ ( self, firm, category ) :
        self.firm=firm
        self.category=category
    def ascending_order ( self, list1 ) :
        for i in range ( len ( list1 ) ) :
            for j in range ( len ( list1 ) - i - 1 ) :
                if list1[j] > list1[j + 1]:
                    list1[j], list1[j + 1] = list1[j + 1], list1[j]
        max =list1[len ( list1 ) -1]
        print ( list1 )
        return max
    def Seek ( self, dict1, max ) :
        for key, value in dict1.items ( ) :
            if max==value:
                print ( " 销售量最高在 ", key )
# 输入厂商的名称与商品类别
str1 = input ( " 请输入厂商名称： " )
str2 = input ( " 请输入商品类别： " )
# 使用列表用来存放大王钢笔 12 个月销售额数据
list1=[8659, 850, 1150, 1502, 1186, 8659, 1260, 342, 389, 2091, 268, 3538]
# 使用字典存放大王钢笔每个月对应的销售额数据
dict1 ={
    "1 月 ": 8659, "2 月 ": 850, "3 月 ": 1150, "4 月 ": 1502, "5 月 ": 1186, "6 月 ": 8659, "7 月 ": 1260, "8 月 ": 342, "9 月 ": 389, "10 月 ": 2091, "11 月 ": 268, "12 月 ": 3538
}
# 创建实例化对象 pengs
pengs =Goods ( str1, str2 )
# 调用类属性并打印结果
print ( ' 商品厂商： '+pengs.firm )
print ( ' 商品类别： '+pengs.category )
# 调用类方法
max=pengs.ascending_order ( list1 )
pengs.Seek ( dict1, max )
```

〖任务检测〗

一、填空题

1. 元组与列表的区别是：______________________________________。

2. 创建一个包含列表、元组的列表的语句是______________________________。

3. 创建字典存储个人信息（如姓名、年龄、地址、爱好等）的语句是____。

4. 程序异常的处理语句是：______________________________________。

二、实操题

1. 创建一个列表，存放所有家庭成员姓名。

2. 创建一个空列表，并往里添加喜爱的食物。

3. 创建一个双重列表，使用 for 循环遍历列表并且输出对应的元素值。

4. 清空双重列表。

5. 使用切片的方式将喜爱的食物复制一份，同时给两份食物分别添加两道不同的菜，并显示出来。

6. 获取家庭成员列表的长度。

7. 在美食列表中插入一样食物。

8. 尝试修改元组元素的某个值，并观察错误提示。

9. 创建一个好友列表，其中每个好友都是一个字典（姓名、年龄、爱好），用遍历的方式打印出好友列表。

10. 使用字典存放好友的个人信息（姓名、年龄、爱好），并且用列表存储。用遍历的方式打印出好友的每一项信息。（注意：爱好有多个值。）

11. 现有多个网站用户，每个都有独特的用户名，可在字典中将用户名作为键，然后将每位用户的信息存储在一个字典中，并将该字典作为与用户名相关联的值。对于每位用户，都存储了其三项信息：姓名、性别和居住地。遍历所有的用户，打印出用户的姓名、性别、居住地。

〖任务评价〗

评价内容	识记	理解	应用	分析	评价	创造	问题
创建列表及使用列表							
创建元组及使用元组							
操作序列							
创建字典及使用字典							
创建集合及使用集合							
定义类							
创建对象							
程序异常处理							
教师诊断评语：							

任务三　数据基础分析

〖任务描述〗

爱学文具店向巨蟒公司提供了三款钢笔 12 个月的销售额数据（图 1–16），希望巨蟒公司软件开发团队为其设计一段代码实现求平均值、方差、标准差的功能，用于分析每款钢笔的月销售数据差距，为月进货量提供数据支撑。

类别	产品名称	1月销售额	2月销售额	3月销售额	4月销售额	5月销售额	6月销售额	7月销售额	8月销售额	9月销售额	10月销售额	11月销售额	12月销售额
钢笔	大王	2500	1022	1150	1500	1184	3200	1260	2140	1400	1600	2200	2600
钢笔	小王	2100	860	1312	1250	1434	3600	1260	2140	800	1300	2500	3200
钢笔	大雄	2560	1022	1550	2200	1184	3000	1200	2000	700	1140	2800	2400

图 1–16　钢笔销售数据

〖知识准备〗

1. 模块

（1）模块的定义与使用

● 打开 IDLE 工具，新建名为“Yunsuan.py”的文件，存放在“引入模块”文件夹中。在“Yunsuan.py”文件中编写函数，实现加减乘除四个功能。此时扩展名为“.py”的文件作为模块，包含代码。在名为“Yunsuan.py”的文件中输入代码：

```
def add（n1，n2）：
   return n1+n2
```

● 在 IDLE 工具中，新建名为“引入模块 .py”的文件，存放在“引入模块”文件夹中。在“引入模块 .py”文件中，使用“import”关键字引入“Yunsuan”整个模块。

语法格式：import 模块名

● 调用模块中的函数语法格式：模块名 . 函数名（）

在名为“引入模块 .py”的文件中输入代码：

```
import Yunsuan
s=Yunsuan.add（3，4）
print（s）
```

● 导入模块中的特定函数。

语法格式：from 模块名 import 函数名

在名为“引入模块 .py”的文件中输入代码：

```
from Yunsuan import add
s=add（5，6）
```

```
print(s)
```

● 使用 as 给模块指定别名。

语法格式：import 模块名 as 别名

在名为“引入模块 .py”的文件中输入代码：

```
import Yunsuan as YS
s=YS.add(5, 6)
print(s)
```

● 使用 as 给模块中的函数指定别名。

语法格式：from 模块名 import 函数名 as 别名

在名为“引入模块 .py”的文件中输入代码：

```
from Yunsuan import add as JIA
s=JIA(5, 6)
print(s)
```

● 从模块中导入所有类。

新建一个名为“python 导入类”的文件夹，在其中新建名为“cat.py”的文件，将以下代码放在文件名为“cat.py”的文件中。

```
class Cat():
    type='felidae'
    def __init__(self, name, age):
        self.name=name
        self.age=age
    def miao(self):
        print("喵")
    def trap(self):
        print("抓耗子")
    def tryname(self, name1):
        self.name=name1
class Dog():
    def __init__(self, name, age):
        self.name=name
        self.age=age
    def wang(self):
        print("汪汪")
class Common():
    def __init__(self):
        self.length=0
    def Run(self, lengthnum):
```

```
    self.length=lengthnum
```

在当前文件夹下，新建名为“my_cat.py”的文件，将以下代码放在这个文件中：

```
from cat import *
my_cat=Cat（'花花'，2）
print（'猫的名字是'+my_cat.name）
print（'猫的年龄是'+str（my_cat.age））
my_cat.miao（）
my_cat.trap（）
my_dog=Dog（'崽崽'，4）
print（'狗狗的名字是'+my_dog.name）
my_anim=Common（）
my_anim.Run（1000）
print（'奔跑的长度是'+str（my_anim.length））
```

（2）Python 标准库和常用的第三方库

● Python 标准库

安装 Python 时，通常包含了 Python 标准库，Python 标准库是自带模块，见表 1–7。

表 1–7　Python 标准库

名称	功能
math	为浮点运算提供了对底层 C 函数库的访问
datetime	为日期和时间处理同时提供了简单和复杂的方法
os	提供了不少与操作系统相关联的函数
random	提供了生成随机数的工具
glob	提供了一个函数用于从目录通配符搜索中生成文件列表
urllib	一系列用于操作 URL 的功能
....	....

● 常用的第三方库

在数据采集与可视化呈现两个方向的应用中，还会用到一些第三方库，见表 1–8。

表 1–8　常用的第三方库

名称	功能
requests	HTTP 请求库，发出一个请求，一直等待服务器响应后，程序才能进行下一步处理

2. 方差、标准差、偏度和峰度

方差：是衡量源数据和期望值相差的度量值。

标准差：是方差的算术平方根。在概率统计中最常作为统计分布程度上的测量依据。标准差能反映一个数据集的离散程度。平均数相同的两组数据，标准差未必相同。

偏度：是统计数据分布偏斜方向和程度的度量，是统计数据分布非对称程度的数字特征。

峰度：是衡量实数随机变量概率分布的峰态，峰度高就意味着方差增大是由低频度的大于或小于平均值的极端差值引起的。

3. 总和、平均值、最大值、最小值、个数、众值、中值

总和值：所有值之和。

平均值：有算术平均值、几何平均值、平方平均值、调和平均值、加权平均值等，其中以算术平均值最为常见。

最大值：一组数据中最大的数值。

最小值：一组数据中最小的数值。

个数：一组数据中数据的个数。

众值：表示总体中出现次数最多的标志值。

中值：指将统计总体当中的各个变量值按大小顺序排列起来，形成一个数列，处于变量数列中间位置的变量值就称为中值。

4.numpy 模块与 pandas 模块

numpy 可用来存储和处理大型矩阵，支持大量的维度数组与矩阵运算，针对数组运算提供大量的数学函数库。

引入 numpy 模块：import numpy as np

pandas 是 python 的一个数据分析包，提供了处理数据的函数和方法。

引入 pandas 模块：import pandas as pd

〖任务分析〗

实现任务的方法与步骤：

方法一	方法二
引入 pandas 与 numpy 模块； 创建 DataFrame； 调用函数 mean 求平均值； 调用函数 var 求方差； 调用函数 std 求标准差； 存储数据	此处由教师或学生自己思考方法实现任务

〖任务实施〗

1. 引入 pandas 与 numpy 模块

```
import pandas as pd
import numpy as np
```

2. 创建 DataFrame

```
df = pd.DataFrame（np.array（[
  [2500，1022，1150，1500，1184，3200，1260，2140，1400，1600，2200，2600],
  [2100，860，1312，1250，1434，3600，1260，2140，800，1300，2500，3200],
  [2560，1022，1550，2200，1184，3000，1200，2000，700，1140，2800，2400]]），
            index=[" 大王 "，" 小王 "，" 大雄 "],
            columns=["1 月销售额 "，"2 月销售额 "，"3 月销售额 "，
                     "4 月销售额 "，"5 月销售额 "，"6 月销售额 "，
                     "7 月销售额 "，"8 月销售额 "，"9 月销售额 "，
                     "10 月销售额 "，"11 月销售额 "，"12 月销售 "]）
```

3. 调用函数 mean 求平均值

```
df.mean（axis=1）#axis=1 表示求行平均值
```

4. 调用函数 var 求方差

```
df.var（axis=1）
```

5. 调用函数 std 求标准差

```
df.std（axis=1）
```

6. 将数据写入 xlsx 文件

```
with open（" 平均值 .xlsx"，"w"，encoding="utf-8"） as f:
  f.write（str（df.mean（axis=1）））
with open（" 方差 .xlsx"，"w"，encoding="utf-8"） as f:
  f.write（str（df.var（axis=1）））
with open（" 标准差 .xlsx"，"w"，encoding="utf-8"） as f:
  f.write（str（df.std（axis=1）））
```

完整代码：

```
import pandas as pd
import numpy as np
```

```
df = pd.DataFrame（np.array（[
  [2500，1022，1150，1500，1184，3200，1260，2140，1400，1600，2200，2600]，
  [2100，860，1312，1250，1434，3600，1260，2140，800，1300，2500，3200]，
  [2560，1022，1550，2200，1184，3000，1200，2000，700，1140，2800，2400]]），
          index=[" 大王 "，" 小王 "，" 大雄 "]，
          columns=["1 月销售额 "，"2 月销售额 "，"3 月销售额 "，
                   "4 月销售额 "，"5 月销售额 "，"6 月销售额 "，
                   "7 月销售额 "，"8 月销售额 "，"9 月销售额 "，
                   "10 月销售额 "，"11 月销售额 "，"12 月销售额 "]）
with open（" 平均值 .xlsx"，"w"，encoding="utf–8"）as f：
  f.write（str（df.mean（axis=1）））
with open（" 方差 .xlsx"，"w"，encoding="utf–8"）as f：
  f.write（str（df.var（axis=1）））
with open（" 标准差 .xlsx"，"w"，encoding="utf–8"）as f：
  f.write（str（df.std（axis=1）））
```

〖任务检测〗

一、填空题

1. 导入模块中的特定函数语法格式：________________。
2. 使用 as 给模块指定别名语法格式：________________。
3. 引入 numpy 模块语法格式：________________。

二、实操题

1. 创建一个模块用于求加减乘除，引入创建的模块，调用加减乘除函数。

2. 引入 numpy 模块与 pandas 模块实现 A、B 两组各有 6 位学生参加同一次青年大学习测验，A 组的分数为 95、85、75、65、55、45，B 组的分数为 73、72、71、69、68、67。求两组的平均数、方差、标准差。

〖任务评价〗

评价内容	识记	理解	应用	分析	评价	创造	问题
模块定义							
模块的使用							
方差的概念							
标准差的概念							
总和、平均值、最大值、最小值、个数							
众值							
中值							
教师诊断评语：							

项目二 实现数据爬虫

信息时代，最具有价值的就是数据。企业可以通过分析市场数据获取关键信息来进行生产计划的调整和布置，以提升自己的竞争力。随着互联网时代的到来，数据的收集不再是传统通过实地调查走访等方式获得，而是通过在网上检索收集得到的。海量的数据靠人手动收集、查找无异于大海捞针，费时费力也难以达到想要的结果。另外，企业也无法从这些片面的数据中分析出关键点，从而做出合理的决策。数据采集就是公司为客户提供的一项最基础的数据技术业务。数据采集工程师负责通过网络采集客户需要的相关数据，并进行简单的数据预处理，为后续的数据技术服务提供基础数据。

完成本项目需要具备的知识和能力：

- ◆ 网络爬虫的工作原理和 robots 协议内容
- ◆ 网络爬虫常用基础模块 urllib3 、requests 等的使用
- ◆ 网页内容解析 lxml、beautiful soup 库的使用
- ◆ 专业网络爬虫框架 Scrapy 第三方库的使用

任务一　使用 HTTP 爬取数据

〖任务描述〗

巨蟒公司最近接了一个电影制片方的数据分析业务，要求帮助他们分析某部电影的网上评价，以确定下一部电影的拍摄目标。根据公司的项目方案，需要数据采集工程师王可采集这部电影在网上的影评数据，包括打星、评论、评价、用户名、评价时间等，并进行简单的数据分析。

〖知识准备〗

1. 网络爬虫

（1）网络爬虫的原理

网络爬虫（Web Spider）又称网络蜘蛛、网络机器人，它是按照一定的规则，自动地抓取 Web 应用的页面数据。

Web 应用都是采用客户端 / 服务器架构。其中，客户端指浏览器；服务器端指运行网站的服务器。这些网站服务器 7 天 ×24 小时地运行着，等待客户端发起访问文档请求，然后进行相应的处理，并返回相关数据。简单来说，通过浏览器访问网页内容就是一次 Web 客户端请求服务器对应的文档、服务器返回相关数据（网页内容）的过程。简单网页浏览需要用到名为 URL（统一资源定位符）的 Web 地址，又称为网页链接地址。

Python 支持两种不同的模块来处理 URL，一种是 urlparse，另一种是 urllib。其中，urllib 模块提供了许多函数，可用于从指定 URL 下载数据，也可用于对字符串进行编码、解码工作，以便在 URL 中以正确的形式显示出来。网络爬虫技术是使用网络模块模拟浏览器访问 Web 服务器，访问网页链接地址（URL）并获取相应的内容，通过对应的解析模块对内容进行解析，再从中提取出有价值的数据。

（2）网络爬虫的两种技术

网络爬虫主要用到两种技术：数据抓取和数据解析。

- 数据抓取

在数据抓取上，Python 中有许多与此相关的库可供使用，如 urllib2（urllib3）、requests、mechanize、selenium、splinter。其中，urllib2（urllib3）、requests、mechanize 用来获取 URL 对应的原始响应内容；而 selenium、splinter 通过加载浏览器驱动，获取浏览器渲染之后的响应内容，其模拟程度更高。考虑效率因素，通常使用 urllib2（urllib3）、requests、mechanize 等库来抓取数据，而不用 selenium、splinter。因为后者需要加载浏览器，效率较低。

对于数据抓取，涉及的过程主要是模拟浏览器向服务器发送构造好的http请求，常见类型有：get/post。

● 数据解析

在数据解析方面，Python中相应的库包括lxml、beautifulsoup4、re、pyquery。

对于数据解析，主要是从响应页面里提取所需的数据，常用方法有XPath路径表达式、CSS选择器、正则表达式等。其中，XPath路径表达式、CSS选择器主要用于提取结构化的数据，而正则表达式主要用于提取非结构化的数据。

2. 解析原理

Requests请求到了网页内容，就需要继续对网页内容进行解析，获取网页里所需要的信息。根据任务计划方案，王可采用lxml库来进行网页内容解析。

lxml能帮助用户解析HTML、XML文件，它定位迅速，是一个搜索、获取特定内容的Python库。lxml也是对网页内容解析的一个库。

3. 定位网页信息元素

使用lxml解析的网页内容包含整个网页上的所有信息，数据采集员要提取用户需要的关键信息，就必须要通过程序定位到包含这些信息的网页元素位置。数据采集员根据任务方案，采用XPath对网页元素进行定位。

XPath是一门在XML文档中查找信息的语言。XPath可用来在XML文档中对元素和属性进行遍历。XPath是W3C XSLT标准的主要元素，并且XQuery和XPointer都构建于XPath的表达之上。

〖任务分析〗

实现任务的方法与步骤：

方法一	方法二
采用requests库进行网页爬取； 使用lxml库中的etree对网页内容进行解析； 采用XPath定位网页中所需要的信息元素位置； 将采集到的数据存放到json文件中提供给客户	此处由教师或学生自己思考方法实现任务

〖任务实施〗

1. 搭建实施环境

根据实施计划，需要安装爬虫涉及的requests、urllib3、lxml、XPath等模块，安装过程可以通过两种方法来完成。

方法一：在pychame中，打开“Setting”窗口，搜索“requests”，单击“Install Package”按钮进行安装，如图2-1所示。

图 2-1　通过 pychame 安装

方法二：在命令提示符窗口，使用 pip 命令进行 requests 库的安装。

pip install requests

2. 使用 requests 模块获取网页内容

手动访问豆瓣网，找到客户指定电影的短评 URL 地址，再通过这个地址用 requests 库获取该网页的内容，如图 2-2 所示。

图 2-2　找到电影短评 URL 地址

```
import requests
url ='https://movie.douban.com/subject/26683723/comments?start=0&limit=20&status=P&sort=new_score'
headers={'User-Agent': 'Mozilla/5.0 (windows NT 6.1; Win64; x64) AppleWebKit/537.36 (KHTML, link Gecko) Chrome/79.0.3945.88 Safari/537.36'}
res = requests.get(url,headers=headers)
print("Status: %d"%res.status_code)
data = res.content.decode("utf-8")
print(data)
```

程序解析：

①导入 requests 模块。

```
import requests
```

②在模块中指定 URL 的地址。

url='https：//movie.douban.com/subject/26683723/comments?start=0&limit=20&status=P&sort=new_score'

③构建 headers 数据。如果使用 requests 时不指定 headers，很有可能被 Web 服务器反爬虫程序拒绝爬虫。

headers={'User-Agent'：'Mozilla/5.0（windows NT 6.1；Win64；x64）AppleWebKit/537.36（KHTML，link Gecko）Chrome/79.0.3945.88 Safari/537.36'}

④使用 requests 中的 get（）方法获取网页信息。

res = requests.get（url,headers=headers）

⑤打印网页状态码，判断网页返回是否成功。

print（"Status：%d"%res.status_code）

⑥将网页内容存放到变量中，并打印出来，即可看到获取到的网页数据。

data = res.content.decode（"utf-8"）

print（data）

程序运行结果如图 2-3 所示，其中“Status：200”是服务器返回的 HTTP 状态码，代表返回内容成功。

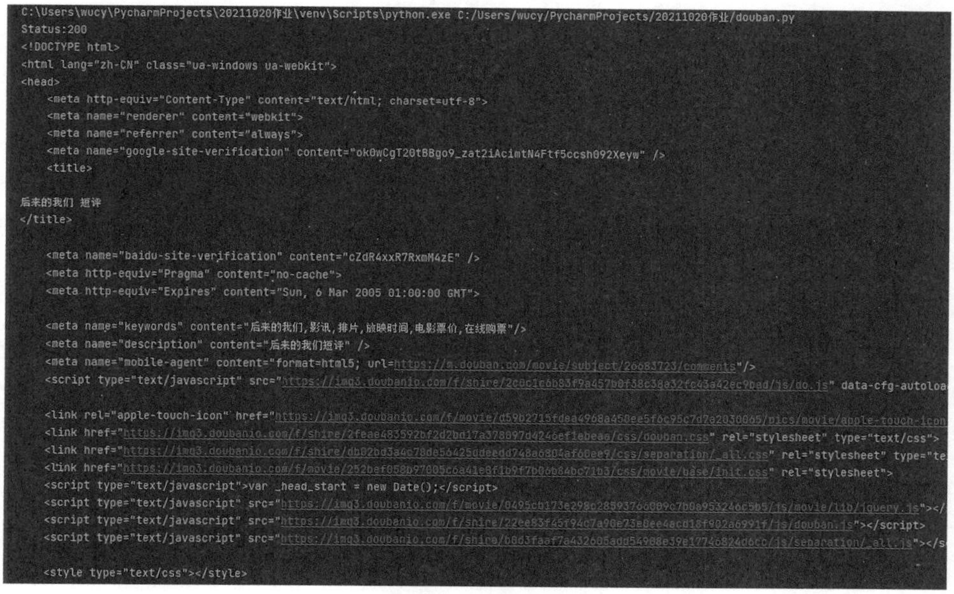

```
C:\Users\wucy\PycharmProjects\20211020作业\venv\Scripts\python.exe C:/Users/wucy/PycharmProjects/20211020作业/douban.py
Status:200
<!DOCTYPE html>
<html lang="zh-CN" class="ua-windows ua-webkit">
<head>
    <meta http-equiv="Content-Type" content="text/html; charset=utf-8">
    <meta name="renderer" content="webkit">
    <meta name="referrer" content="always">
    <meta name="google-site-verification" content="ok0wCgT20tBBgo9_zat2iAcimtN4Ftf5ccsh092Xeyw" />
    <title>

后来的我们 短评
</title>

    <meta name="baidu-site-verification" content="cZdR4xxR7RxmM4zE" />
    <meta http-equiv="Pragma" content="no-cache">
    <meta http-equiv="Expires" content="Sun, 6 Mar 2005 01:00:00 GMT">

    <meta name="keywords" content="后来的我们,影讯,排片,放映时间,电影票价,在线购票"/>
    <meta name="description" content="后来的我们短评" />
    <meta name="mobile-agent" content="format=html5; url=https://m.douban.com/movie/subject/26683723/comments"/>
    <script type="text/javascript" src="https://img3.doubanio.com/f/shire/2c0c1c6b83f9a457b0f38c38a32fc43a42ec9bad/js/do.js" data-cfg-autoloa

    <link rel="apple-touch-icon" href="https://img3.doubanio.com/f/movie/d59b2715fdea4968a450ee5f6c95c7d7a2030065/pics/movie/apple-touch-icon
    <link href="https://img3.doubanio.com/f/shire/2feae483592bf2d2bd17a378097d4246ef1ebeae/css/douban.css" rel="stylesheet" type="text/css">
    <link href="https://img3.doubanio.com/f/shire/db02bd3a4c78de56425ddeedd748a6804af60ee9/css/separation/_all.css" rel="stylesheet" type="te
    <link href="https://img3.doubanio.com/f/movie/252bef058b97005c6a41e8f1b9f7b06b84bc71b3/css/movie/base/init.css" rel="stylesheet">
    <script type="text/javascript">var _head_start = new Date();</script>
    <script type="text/javascript" src="https://img3.doubanio.com/f/movie/0495cb173e298c28593766009c7b0a953246c5b5/js/movie/lib/jquery.js"></
    <script type="text/javascript" src="https://img3.doubanio.com/f/shire/22ee83f45f94c7a90e73e0ee4acd18f902a6991f/js/douban.js"></script>
    <script type="text/javascript" src="https://img3.doubanio.com/f/shire/b0d3faaf7a432605add54908e39e17746824d6cc/js/separation/_all.js"></s

    <style type="text/css"></style>
```

图 2-3 程序运行结果

做 一 做

用 urllib3 库打开火狐浏览器并访问淘宝网站。

实践步骤：	编写代码：

3. 使用 lxml 库中的 etree 对网页内容进行解析

使用 lxml 库解析网页时，可以导入其中的 etree 方法。

```
from lxml import etree
# 解析获取的内容
data = res.content.decode（"utf-8"）
doc = etree.HTML（data）
# 打印解析内容
print（doc）
```

将解析的网页内容打印出来，如图 2-4 所示。

```
<Element html at 0x20a13d96e80>
```

图 2-4　打印解析的网页

做 一 做

对打开的淘宝网站进行内容解析。

实践步骤：	编写代码：

4. 采用 XPath 定位网页中所需要的信息元素位置

在打开的网页浏览器窗口中，使用“F12”打开网页查看网页源代码，如图 2-5 所示。

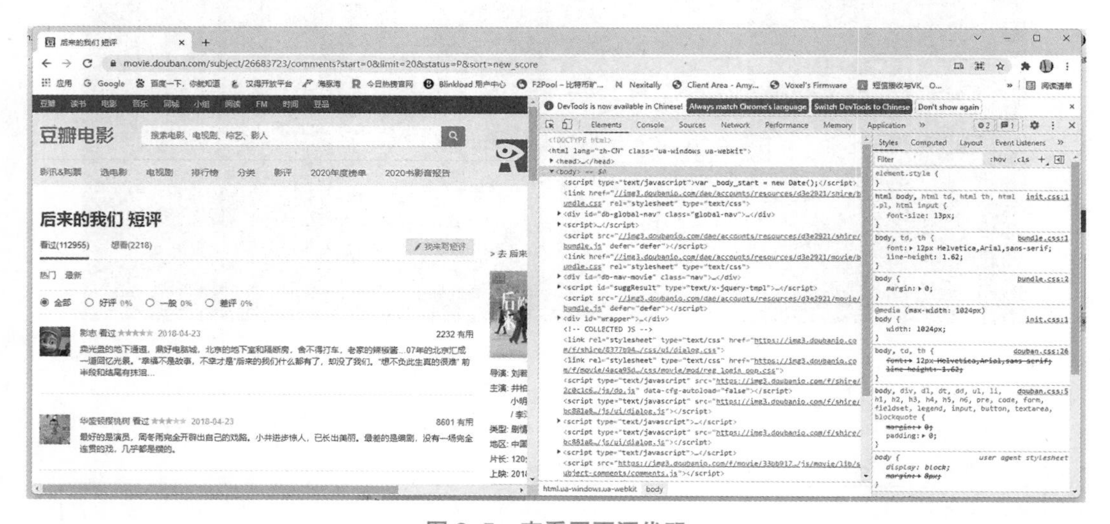

图 2-5　查看网页源代码

单击“ ”图标，移动鼠标光标在网页上双击要获取的信息，选中的代码如图 2-6 所示。

图 2-6　选中代码

将鼠标指针定位到源代码被选中的元素位置，分析相关节点关系，单击鼠标右键，在弹出的快捷菜单中选择“Copy”->“Copy XPath”，将关键元素的 XPath 复制下来，如图 2-7 所示。

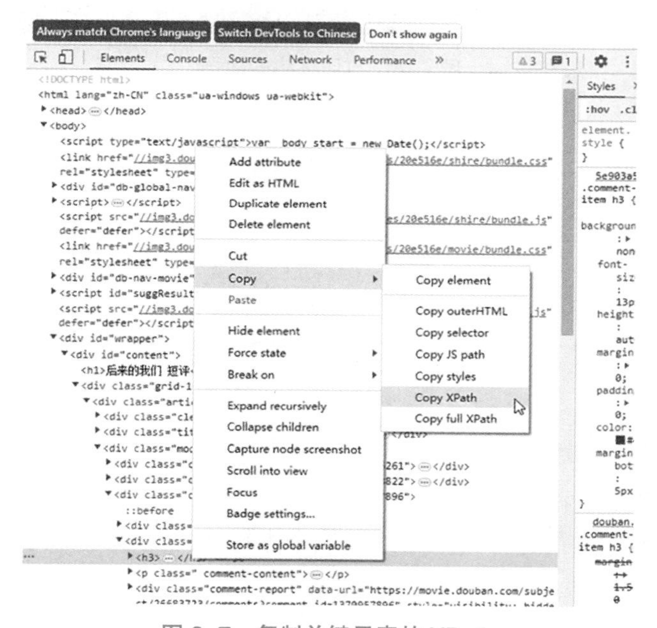

图 2-7　复制关键元素的 XPath

在代码中定义变量，保存解析到的网页元素，并编写代码将需要的数据依次采集下来。

```
# 定义变量，保存解析到的网页元素内容
items = doc.xpath（//*[@id="comments"]/div[@class="comment-item"]'）
# 使用 for 循环，采集用户需要的数据
for item in items：
    username = item.xpath（'.//div[1]/a/@title'）
    score = item.xpath（'.//div[2]/h3/span[2]/span[2]/@title'）
    vote = item.xpath（'.//div[2]/h3/span[1]/span/text（）'）
    user_time = item.xpath（'.//div[2]/h3/span[2]/span[3]/@title'）
    user_word = item.xpath（'.//div[2]/p/span/text（）'）
```

```
# 打印采集到的数据
print ( username,score,vote,user_time,user_word )
```

打印采集到的数据，如图 2-8 所示。

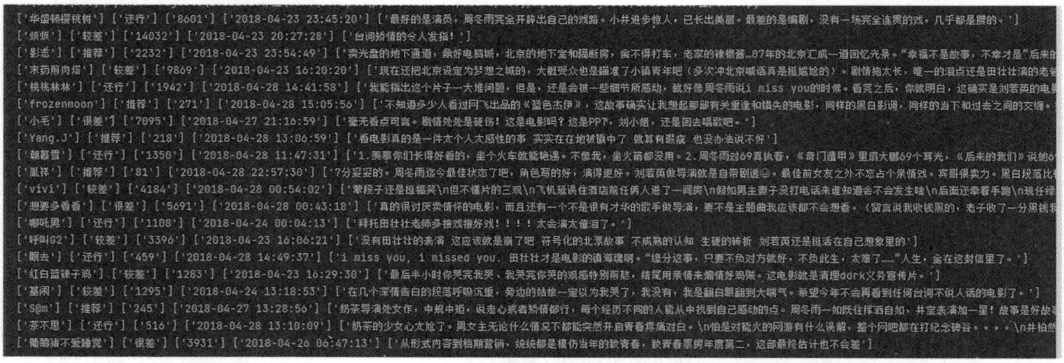

```
['华盛顿樱桃树'] ['还行'] ['8601'] ['2018-04-23 23:45:20'] ['最好的是演员，周冬雨完全开辟出自己的戏路。小井进步惊人，已长出美丽。最差的是编剧，没有一场完全连贯的戏，几乎都是摆的。']
['烦烦'] ['较差'] ['14032'] ['2018-04-23 20:27:28'] ['台词矫情的令人发指！']
['影志'] ['推荐'] ['2232'] ['2018-04-23 23:54:49'] ['卖光盘的地下通道，鼎好电脑城，北京的地下室和隔断房，舍不得打车，老家的辣椒酱…07年的北京汇成一道回忆光景。"幸福不是故事，不幸才是"后来的
['末药丽肉塔'] ['较差'] ['9869'] ['2018-04-23 16:20:20'] ['现在还把北京设定为梦想之城的，大概受众也是瞄准了小镇青年吧（多次冲北京喊话真是挺尴尬的）。剧情拖太长，唯一的泪点还是田壮壮演的老爸
['桃桃林林'] ['还行'] ['1942'] ['2018-04-28 14:41:58'] ['我能指出这个片子一大堆问题，但是，还是会被一些细节所感动，就好像周冬雨说i miss you的时候。看完之后，你就明白，这确实是刘若英的电影
['frozenmoon'] ['推荐'] ['271'] ['2018-04-28 15:05:56'] ['不知道多少人看过网飞出品的《蓝色杰伊》，这故事确实让我想起那部有关重逢和错失的电影，同样的黑白影调，同样的当下和过去之间的交缠。
['小毛'] ['很差'] ['7095'] ['2018-04-27 21:16:59'] ['毫无看点可言。剧情处处是硬伤！这是电影吗？这是PPT，刘小姐，还是回去唱歌吧。']
['Yang.J'] ['推荐'] ['218'] ['2018-04-28 13:06:59'] ['看电影真的是一件太个人太感性的事 实实在在地被戳中了 就算有瑕疵 也没办法说不好']
['朝暮雪'] ['还行'] ['1350'] ['2018-04-28 11:47:31'] ['1.羡慕你们长得好看的，坐个火车就能艳遇。不像我，坐火箭都没用。2.周冬雨对69真执着，《奇门遁甲》里扇大鹏69个耳光，《后来的我们》说她6
['胤祥'] ['推荐'] ['81'] ['2018-04-28 22:57:30'] ['7分妥妥的。周冬雨迄今最佳状态了吧，角色写的好，演得更好。刘若英做导演就是自带剧透😂。最佳前女友之外不忘占个亲情戏。宾哥很卖力。黑白段落比
['vivi'] ['较差'] ['4184'] ['2018-04-28 00:54:02'] ['笑段子还是挺搞笑\n但不懂片的三观\n飞机延误住酒店前任俩人进了一间房\n假如男主妻子没打电话来谁知道会不会发生啥\n后面还牵着手跑\n现任
['想要多看看'] ['很差'] ['5691'] ['2018-04-28 00:43:18'] ['真的很讨厌卖情怀的电影，而且还有一个不是很有才华的歌手做导演，要不是主题曲我应该都不会想看。（留言说我收钱黑的，老子收了一分黑钱我
['哪吒男'] ['还行'] ['1108'] ['2018-04-24 00:04:13'] ['拜托田壮壮老师多接戏接好戏！！！！太会演太催泪了。']
['呼叫G2'] ['较差'] ['3396'] ['2018-04-23 16:06:21'] ['没有田壮壮的表演 这应该就是崩了吧 符号化的北漂故事 不成熟的认知 生硬的转折 刘若英还是挺活在自己想象里的']
['眠去'] ['还行'] ['459'] ['2018-04-28 14:49:37'] ['i miss you, i missed you. 田壮壮才是电影的镇海魂啊。"缘分这事，只要不负对方就好，不负此生，太难了……"人生，全在这封信里了。']
['红白蓝辣子鸡'] ['较差'] ['1283'] ['2018-04-23 16:29:30'] ['最后半小时你哭完我哭、我哭完你哭的观感特别雨愁，结尾用亲情来煽情好鸡贼。这电影就是青理ddrk义务宣传片。']
['墓闲'] ['较差'] ['1295'] ['2018-04-24 13:18:53'] ['在几个深情告白的段落呼吸沉重，旁边的姑娘一定以为我哭了，我没有，我是翻白眼翻到大喘气。希望今年不会再看到任何台词不说人话的电影了。']
['S@m'] ['推荐'] ['245'] ['2018-04-27 13:28:56'] ['奶茶导演处女作，中规中矩，说走心或者矫情都行，每个经历不同的人能从中找到自己感动的点。周冬雨一如既往挥洒自如，井宝表演加一星！故事是好故
['茶不思'] ['还行'] ['516'] ['2018-04-28 13:10:09'] ['奶茶的少女心太尬了。男女主无论什么情况下都能突然开启青春疼痛对白。\n怕是对能火的网游有什么误解，整个网吧都在打纪念碑谷。。。。\n井柏然
['葡萄猪不爱睡觉'] ['很差'] ['3931'] ['2018-04-26 06:47:13'] ['从形式内容到档期营销，统统都是模仿当年的致青春，致青春票房年度第二，这部最终估计也不会差']
```

图 2-8 打印采集的数据

做一做

利用 XPath 将淘宝网站首页包含的所有图片爬取下来。

实践步骤：	编写代码：

5. 处理数据并存放到 json 文件中

数据采集员需要对采集到的数据进行简单地处理后，形成格式化文档提供给客户。在本项目中，数据采集员选择将采集到的数据进行格式化处理后放入字典中，并最终保存到 json 数据文件中。

导入 json 库。

```
import json
```

将采集到的数据放入字典中。

```
# 定义一个空字典，用于放置采集到的数据字段
dic = {}
# 如果采集到的数据为空，则用“–”代替存入字典
if username:
    usernames = username[0]
else:
    usernames = '–'
if score:
    scores = score[0]
```

```
        else:
            scores = '–'
        if vote:
            votes = vote[0]
        else:
            votes = '–'
        if user_time:
            user_times = user_time[0]
        else:
            user_times = '–'
        if user_word:
            user_words = user_word[0]
        else:
            user_words = '–'
        #将采集到数据放入字典中
        dic['用户名'] = usernames
        dic['评价'] = votes
        dic['评分'] = scores
        dic['评价时间'] = user_times
        dic['评论'] = user_words
```

将所有数据存入 json 文件中。

```
info = json.dumps(dic, ensure_ascii=False)
    file = open("./pingjia.json", mode="a",encoding="utf-8")
    file.write(info+"\n")
    file.close()
```

做一做

将前面采集到的图片存入一个 json 文件中。

实践步骤:	编写代码:

〖任务检测〗

一、填空题

1. 网络爬虫是按照一定的规则，______________抓取 Web 应用的页面数据。
2. Python 支持两种不同的模块来处理 URL，分别为_____________、__________。

二、简答题

1. 网络爬虫用到了哪些技术？
2.lxml 和 XPath 有什么相同点？

三、实操题

安装并使用 requests 库爬取“99 音乐网站”的歌曲信息。

〖任务评价〗

评价内容	识记	理解	应用	分析	评价	创造	问题
安装 requests 库、lxml 库							
使用 requests 库爬取指定网站的内容							
使用 lxml 对网页内容进行解析							
使用 XPath 定位指定网页元素							
下载并保存采集到的数据							
教师诊断评语：							

任务二 使用 Scrapy 框架爬取数据

〖任务描述〗

随着巨蟒公司承接的数据业务项目越来越多，需要采集的数据也就越来越多。由于公司采集数据的工程师紧缺，为了节省编写网络爬虫代码的时间，提高工作效率，王可找了一个专业的网络爬虫框架，它不仅可以实现更大规模的数据爬取，还能够在只修改几条代码的情况下，实现不同项目需求的数据的采集。

〖知识准备〗

Scrapy 是一个功能强大且非常快速的专业爬虫框架，里面包含了很多功能。爬虫框架是实现爬虫功能的一个软件结构和功能组件集合。简单地说，爬虫框架是一个半成品，能够帮助用户实现专业网络爬虫。这种框架约束了一个使用的模板，能够让用户知道如何操作这个模板来进行网络爬虫。

Scrapy 框架包括 7 个部分，包括 5 个框架主体部分和 2 个中间件，称为"5+2 结构"，如图 2-9 所示。

1.Spiders 的数据流路径

Spiders 有三条数据流路径，具体解释如下。

第一条数据流路径从 Spiders 经过 Spiders 引擎到达 Scheduler，Spiders 引擎从 Spiders 处获得用户的爬取请求（Requests）（这些请求可以简单地被认为是一个 URL），爬取请求到达引擎后，引擎便将其分配给 Scheduler 模块，由 Scheduler 模块负责对爬取请求进行调度。

第二条数据流路径是从 Scheduler 模块通过 Engine 模块到达 Downloader 模块，并且最终返回 Spider 模块。首先，Engine 模块从 Scheduler 模块获取下一个要爬取的网络请求，这一个网络请求是真实的要到网络上进行爬取的请求；其次，Engine 获得这个请求后通过下载中间件发送给下载器模块，Downloader 模块获取请求后真实地连接互联网并且爬取相关网页；最后，Downloader 模块将爬取到的网页形成响应（Response），并将所有内容封装为 Response 后打包，通过 Engine 中间件发送给 Spiders。

第三条数据流路径是 Spiders 模块经过 Engine 模块到达 Item Pipelines 模块及 Scheduler 模块。首先，Spiders 处理从 Downloader 模块获得的响应，处理之后产生两个数据类型，一个数据类型是爬取项（Scrapy Items）；另一个数据类型是新的爬取请求 Requests，这个爬取请求还可以对新的连接进行再次的爬取。Spiders 生成这两个数据类型后，将这两个数据项发给 Engine 模块，Engine 将其中的 Items 数据发给 Item Pipelines，将 Requests 发给 Scheduler 模块进行调用，从而为后续的数据处理以及再次启动网络爬取请求提供了新的来源。

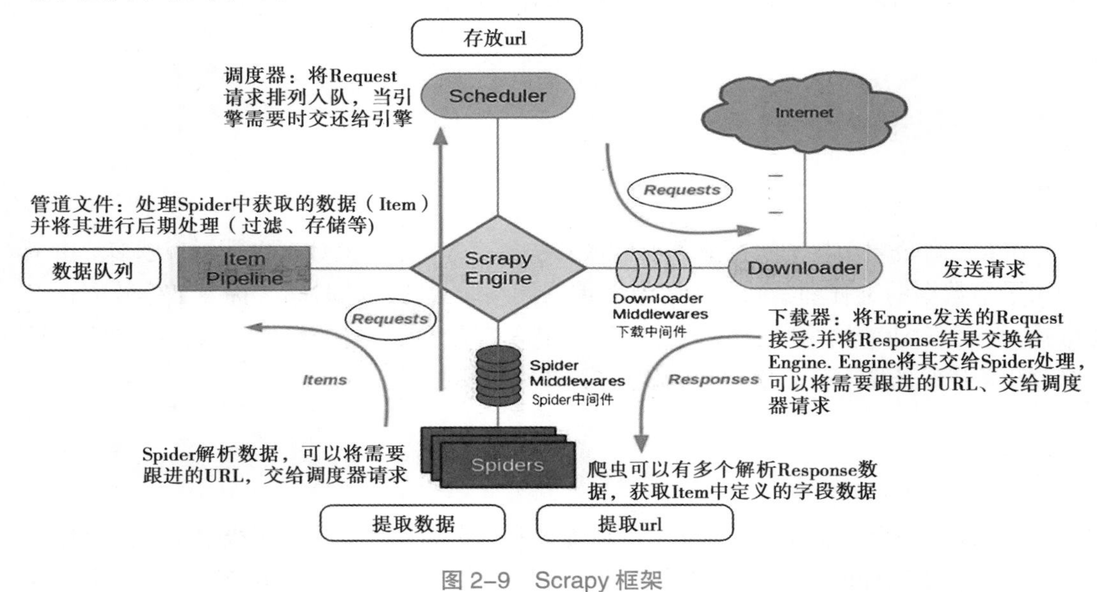

图 2-9　Scrapy 框架

2.Scrapy 的框架构成

引擎：整个框架的核心，它控制所有模块之间的数据流，根据条件出发时间 ，相当于发动机，不需要用户修改。

下载器：根据用户提供的请求下载网页，不需要用户手动修改。

Scheduler：对所有的爬取请求进行调度管理，它的调度方法和调度过程相对固定，也不需要用户手动修改。

下载中间件：用户通过下载中间件在引擎、Scheduler 和下载器之间进行可配置的控制，用户可以通过该中间件修改、丢弃、新增网络请求或响应。

Spiders：能够简化下载器返回的响应，产生爬取项，并且能够产生额外的爬取请求。它向整个框架提供了最初始的访问链接，同时对每次爬取回来的内容进行解析，并再次产生新的爬取请求，并且从内容中提取出相关的数据。Spiders 是整个爬取框架最核心的模块，用户需要在 Spiders 中编写配置代码，它是 Scrapy 的入口。

Item Pipelines：以流水线方式处理 Spiders 产生的爬取项。Spiders 对网页爬取之后产生了信息，这个信息在该模块中经过一个又一个的功能模块以流水线的方式进行处理，每个操作就是一个 Item Pipeline 类型。Item Pipelines 可进行的操作包括清理、检验和查重爬取项中的 HTML 数据，将数据存储到数据库中等。也可以去掉 item 的后续操作，用户需要编写配置代码。用户需要关心的是，对于从网页中提出的信息以 Item Pipeline 进行封装，用户需要怎么操作，是直接存放到数据库中，还是进行简单，是 Scrapy 框架的出口。

Spider 中间件：目的是对请求和爬取项进行再处理，具有修改、丢弃、新增请求或爬取项等功能，用户可以在中间件中编写配置代码。

框架中的 5 个模块形成了既定的功能，重点编写 Spider 模块和 Item Pipelines 模块，用户为了操作其中的数据流，可以通过两个中间件对数据流进行控制。

3.Scrapy 框架和 Requests 库的比较

Scrapy 框架和 Requests 库都是用于爬虫的模块，他们都可以进行页面请求和数据爬取，是 Python 爬虫技术中的两个技术工具 ，可用性强，文档丰富，入门简单。Requests 库主要用于页面级爬虫，是一种功能库，它的并发性弱，相比 Scrapy 框架来说性能较差，但它定制灵活，上手十分简单。Scrapy 框架主要用于用户网站级爬虫，并发性好，性能较高，爬虫结构定制灵活，但深度定制困难，比 Requests 库较难上手。

做一做

Requests 库与 Scrapy 框架的比较

相同点：	不同点：

4.Scrapy 的常用命令

Scrapy 是为持续运行设计的专业爬虫框架，它提供操作的 Scrapy 命令行，如：

>Scrapy <command>[options][args]

Scrapy 的常用命令见表 2-1。

表 2-1 Scrapy 的常用命令

命令	说明	格式
Startproject	创建一个新工程	Scrapy strartproject<name>[dir]
Genspider	创建一个爬虫	Scarpy genspider[options]<name><domain>
Settings	获得爬虫配置信息	Scrapy settings [options]
Crawl	运行一个爬虫	Scrapy crawl <spider>
List	列出工程中所有爬虫	Scrapy list
Shell	启动 URL 调试命令行	Scrapy shell [rul]

〖任务分析〗

实现任务的方法与步骤：

方法一	方法二
阐述 Scrapy 爬虫框架的工作原理； 搭建 Scrapy 爬虫环境； 使用 Scrapy 框架爬取数据	此处由教师或学生自己思考方法实现任务

〖任务实施〗

1. 搭建 Scrapy 爬虫环境

Scrapy 的安装十分简单，在命令提示符界面直接使用 pip 命令“pip install scrapy”进行安装。安装完成后如图 2–10 所示。

```
Installing collected packages: scrapy
Successfully installed scrapy-2.5.1
```

图 2–10　安装 Scrapy 库

可以使用“scrapy –v”命令检查 Scrapy 的安装情况，如图 2–11 所示。

```
C:\Users\1>scrapy -v
Scrapy 2.5.1 - no active project

Usage:
  scrapy <command> [options] [args]

Available commands:
  bench         Run quick benchmark test
  commands
  fetch         Fetch a URL using the Scrapy downloader
  genspider     Generate new spider using pre-defined templates
  runspider     Run a self-contained spider (without creating a project)
  settings      Get settings values
  shell         Interactive scraping console
  startproject  Create new project
  version       Print Scrapy version
  view          Open URL in browser, as seen by Scrapy

  [ more ]      More commands available when run from project directory

Use "scrapy <command> -h" to see more info about a command
```

图 2–11　检查 Scrapy 安装情况

2. 使用 Scrapy 框架爬取数据

Scrapy 是一个后台运行的爬虫框架，它不提供图形界面，而是通过命令行界面执行命令。

为了快速使用 Scrapy 框架爬虫，王可制订了一个简单的爬取计划：使用 Scrapy 框架将网站的页面内容爬取并保存到本地，将文件命名为 demo.html。具体步骤如下。

打开命令行窗口，使用“scrapy start”命令建立一个工程，如图 2–12 所示。

```
C:\Users\1>scrapy startproject python123
New Scrapy project 'python123', using template directory 'd:\anaconda3\lib\site-packages\scrapy\templates\project', created in:
    C:\Users\1\python123

You can start your first spider with:
    cd python123
    scrapy genspider example example.com
```

图 2-12　Scrapy 创建工程

在当前路径下，生成目录，如图 2-13 所示。

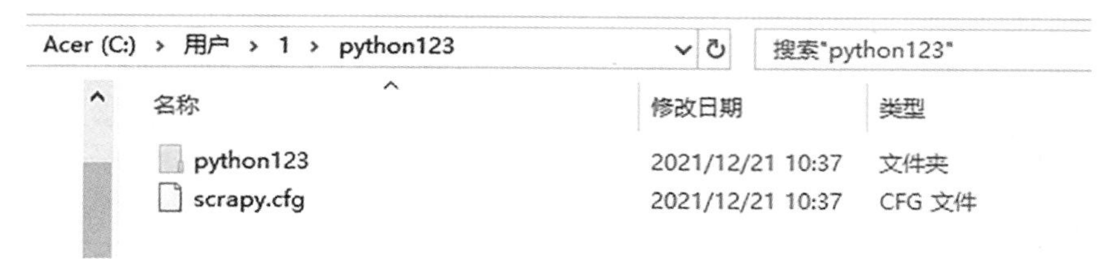

图 2-13　Scrapy 创建工程生成目录

python123/：外层目录。

scrapy.cfg：部署 Scrapy 爬虫的配置文件（将爬虫放到特定服务器上，并在服务器上配置相关的操作接口）。

在子文件夹中，存放着如图 2-14 所示的内容。

› 1 › python123 › python123　　搜索"python123"

名称	修改日期	类型
spiders	2021/12/21 10:27	文件夹
__init__.py	2021/12/21 10:27	JetBrains PyChar...
items.py	2021/12/21 10:37	JetBrains PyChar...
middlewares.py	2021/12/21 10:37	JetBrains PyChar...
pipelines.py	2021/12/21 10:37	JetBrains PyChar...
settings.py	2021/12/21 10:37	JetBrains PyChar...

图 2-14　子文件中的文件

python123/：Scrapy 框架的用户自定义 Python 代码（对应 Scrapy 框架的所有文件所在的目录）。

init.py：初始文件，无须修改。

Items.py：Items 代码模板（继承类），不需要用户编写。

middlewares.py：Middlewares 代码类模板（继承类）。

pipelines.py：Pipelines 代码模板。

Settings.py：Scrapy 爬虫的配置文件，优化爬虫功能时需要修改。

spiders/：Spiders 代码模板目录（继承类）存放建立的工程中所建立的爬虫。其中，爬虫要符合爬虫模板的约束。

__pycache__.py：缓存目录，无须修改。

从命令行窗口切换到 python123 目录下，使用命令“scrapy genspider demo python123.io”在工程中产生一个 Scrapy 爬虫，如图 2-15 所示，即在 spider 目录下生成“demo.py”，如图 2-16 所示。

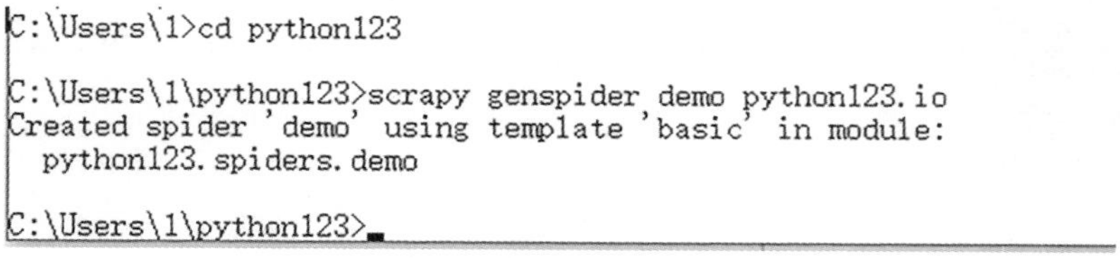

```
C:\Users\1>cd python123

C:\Users\1\python123>scrapy genspider demo python123.io
Created spider 'demo' using template 'basic' in module:
  python123.spiders.demo

C:\Users\1\python123>
```

图 2-15 产生 Scrapy 爬虫

名称	修改日期	类型	大小
__pycache__	2021/12/21 10:44	文件夹	
__init__.py	2021/12/21 10:27	JetBrains PyChar...	
demo.py	2021/12/21 10:44	JetBrains PyChar...	

图 2-16 生成 demo.py

配置产生的 spider 爬虫：修改 demo.py 文件，使其能访问要爬取的链接。其中，parse（ ）函数用于处理响应，解析内容形成字典，发现新的 URL 爬取请求。

使用 pycharm 打开 demo.py 文件，编辑爬虫文件。

原文件：

```
import scrapy
class Demo Spider（scrapy.Spider）：
    name = 'demo' # 爬虫名称
allowed_domains = [ 'python123.io' ]# 用户提交给命令行的域名，至此爬虫只能爬取这个域名以下的相关链接
start_urls = [ 'http：//python123.io/' ]# 以列表形式包含的一个或多个 url，就是 scrapy 框架爬取页面的初始页面
def parse（self,response）：# 解析页面的空方法
    pass
```

修改后文件代码：

```
import scrapy
class Demo Spider（scrapy.Spider）：
    name = 'demo' # 爬虫名称
allowed_domains = [ 'python123.io' ]# 用户提交给命令行的域名，至此爬虫只能爬取这个域名以下的相关链接
start_urls = [ 'http：//python123.io/' ]# 以列表形式包含的一个或多个 url，就是 scrapy 框架爬取页面的初始页面
def parse（self,response）：# 解析页面的方法
    fname = response.url.split（ '/' ）[-1]
    with open（fname, 'wb' ） as f:
        f.write（response.body）
    self.log（ 'Saved file %s.' ,%fname）
    pass
```

在命令行使用“scrapy crawl demo”命令运行爬虫，获取网页，如图 2-17 所示。

```
C:\Users\1\python123>scrapy crawl demo
2023-02-27 18:15:02 [scrapy.utils.log] INFO: Scrapy 2.5.1 started (bot: python123)
2023-02-27 18:15:02 [scrapy.utils.log] INFO: Versions: lxml 4.2.5.0, libxml2 2.9.8, cssselect 1.1.0, parsel 1.6.0, w3lib 1.22.0, Twisted 18.7.0, Python 3.7.0 (default, Jun 28 2018, 08:04:48) [MSC v.1912 64 bit (AMD64)], pyOpenSSL 18.0.0 (OpenSSL 1.0.2h  3 May 2016), cryptography 2.3.1, Platform Windows-10-10.0.19041-SP0
2023-02-27 18:15:02 [scrapy.utils.log] DEBUG: Using reactor: twisted.internet.selectreactor.SelectReactor
2023-02-27 18:15:02 [scrapy.crawler] INFO: Overridden settings:
{'BOT_NAME': 'python123',
 'NEWSPIDER_MODULE': 'python123.spiders',
 'ROBOTSTXT_OBEY': True,
 'SPIDER_MODULES': ['python123.spiders']}
2023-02-27 18:15:02 [scrapy.extensions.telnet] INFO: Telnet Password: 614535627e9c8fca
2023-02-27 18:15:02 [scrapy.middleware] INFO: Enabled extensions:
['scrapy.extensions.corestats.CoreStats',
 'scrapy.extensions.telnet.TelnetConsole',
 'scrapy.extensions.logstats.LogStats']
2023-02-27 18:15:02 [scrapy.middleware] INFO: Enabled downloader middlewares:
['scrapy.downloadermiddlewares.robotstxt.RobotsTxtMiddleware',
 'scrapy.downloadermiddlewares.httpauth.HttpAuthMiddleware',
 'scrapy.downloadermiddlewares.downloadtimeout.DownloadTimeoutMiddleware',
 'scrapy.downloadermiddlewares.defaultheaders.DefaultHeadersMiddleware',
 'scrapy.downloadermiddlewares.useragent.UserAgentMiddleware',
 'scrapy.downloadermiddlewares.retry.RetryMiddleware',
 'scrapy.downloadermiddlewares.redirect.MetaRefreshMiddleware',
 'scrapy.downloadermiddlewares.httpcompression.HttpCompressionMiddleware',
 'scrapy.downloadermiddlewares.redirect.RedirectMiddleware',
 'scrapy.downloadermiddlewares.cookies.CookiesMiddleware',
 'scrapy.downloadermiddlewares.httpproxy.HttpProxyMiddleware',
 'scrapy.downloadermiddlewares.stats.DownloaderStats']
```

图 2-17 使用 scrapy crawl demo 命令

回显中提示文件保存，如图 2-18 所示。

```
2023-02-27 19:27:52 [scrapy.downloadermiddlewares.redirect] DEBUG: Redirecting (301) to
GET http://python123.io/ws/demo.html>
2023-02-27 19:27:52 [demo] DEBUG: Saved file demo.html.
2023-02-27 19:27:52 [scrapy.statscollectors] INFO: Dumping Scrapy stats:
{'downloader/request_bytes': 892,
 'downloader/request_count': 4,
 'downloader/request_method_count/GET': 4,
```

图 2-18 提示文件保存

下载的网页内容已经保存到当前路径下，如图 2-19 所示。

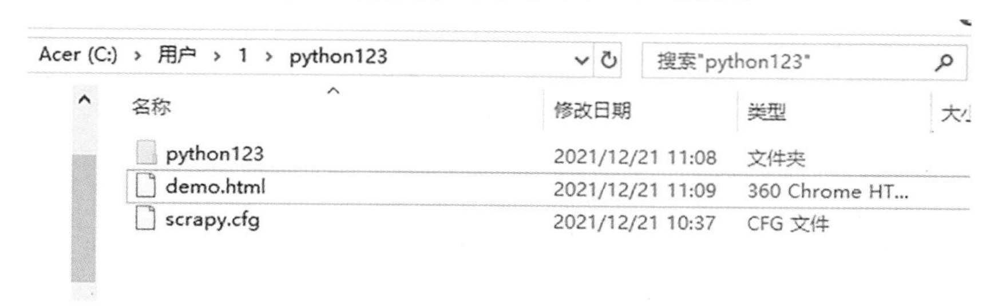

图 2-19 下载网页文件

做一做

使用 Scrapy 框架爬取百度首页并保存页面内容至本地文件夹：

实践步骤：	编写代码：

〖任务检测〗

一、填空题

1. Scrapy 框架包括 7 个部分，其中 5 个框架主题部分为__________、__________、________、________、________，2 个中间件为________、________。

2. 框架入口 Spiders 的出口是________。

3. Scrapy 框架的核心是________。

二、简答题

请简述 Scrapy 框架的三条数据流路径。

三、实操题

安装并使用 Scrapy 抓取糗事百科糗事

〖任务评价〗

评价内容	识记	理解	应用	分析	评价	创造	问题
安装 Scrapy 框架							
使用 Scrapy 命令创建项目							
使用 Scrapy 创建 spider							
正确编辑爬虫文件和 parse 函数							
下载并保存网页内容							
教师诊断评语：							

任务三　使用 Beautiful Soup 库解析数据

〖任务描述〗

巨蟒公司最近接了一家空调厂商的数据业务，要求采集大型电商平台中热销空调的型号、价格等相关数据。根据公司的项目方案，王可需要将淘宝、京东两大电商平台上的热销空调榜单中空调的厂商、型号、价格、评价条数等数据采集下来，并进行简单的数据处理。结合项目需求，王可打算带着数据采集部门的员工一起使用新的网页解析技术——Beautiful Soup 库。

〖知识准备〗

1. 认识 Beautiful Soup 库

Beautiful Soup 是一个可以从 HTML 或 XML 文件中提取数据的 Python 库。它能够通过转换器（解析器）实现常用文档的导航、查找、修改等功能，并对提供给它的文档进行相关的爬取和树形解析。

2. 四种对象

Beautiful Soup 将复杂的 HTML 文档转换成一个复杂的树形结构，每个节点都是 Python 对象，所有对象可以归纳为 4 种：Tag、Navigable String、Beautiful Soup、Comment。

（1）Tag

Tag 就是 HTML 中的一个标签，如：

<p> 爬虫 </p>

用 Beautiful Soup 可以快速获取 Tag，如：

```
print soup.title
print soup.p
```

这种方式是查找网页中第一个符合要求的标签。

Tag 有两个重要的属性：name 和 attrs，同样可以用 Beautiful Soup 获取特定的标签，或是获取标签指定的某个属性。

（2）Navigable String

得到了标签的内容可以用“.string”获取标签内部的文字，如：

```
print soup.p.string
```

（3）Beautiful Soup

Beautiful Soup 对象表示的是一个文档的全部内容。大多数时候可以把它当作 Tag 对象，但它是一个特殊的 Tag 对象，可以分别获取它的类型、名称。如：

```
print type（soup.name）
```

```
#<type 'unicode' >
print soup.name
#[document]
print soup.attrs
#{} 空字典
```

（4）Comment

Comment 对象是一个特殊类型的 Navigable String 对象，其实输出的内容仍然不包括注释符号，如网页源代码：

<a class= "good" href=http：//baidu.com/> <!—ABC--></a>

运行如下代码：

```
print soup.a.string
```

得到结果：

ABC

“a”标签里的内容实际上是注释，但是如果利用“.string”来输出它的内容，就已经把注释符号去掉了，这可能会给用户带来麻烦。所以在使用“.string”之前，最好事先判断一下输出内容的类型。

```
if type（soup.a.string）==bs4.element.Comment：
  printsoup.a.string
```

3. 遍历文档树

Beautiful Soup 对文档树的遍历可以通过直接子节点、父节点、兄弟节点等来进行遍历，根据获取内容的需求来进行选择。

直接子节点：print soup.head.contents

父节点：print soup.p.parent.name

4. 搜索文档树

在 Beautiful Soup 库中，搜索文档树的方法有很多，主要有以下几种方法：

find_all 方法搜索当前 Tag 的所有子节点，并判断是否符合过滤条件。

  find_all（name，attrs，recursive，text，**kwargs）

  name 参数可以传字符串，也可以传正则表达式或是列表。

find（）方法与 find_all（）方法的区别是返回结果一个是值，另一个是列表。

〖任务分析〗

实现任务的方法与步骤：

方法一	方法二
采用 Requests 库进行网页爬取； 使用 Beautiful Soup 库对网页内容进行解析； 使用 selector 定位需要采集的数据标签； 将数据存放到 json 文件中	此处由教师或学生自己思考方法实现任务

〖任务实施〗

1. 安装 Beautiful Soup 库

在 CMD 命令提示符窗口使用 pip 命令安装 Beautiful Soup 库。

pip install beautifulsoup4

Beautiful Soup 支持 Python 标准库中的 HTML 解析器，同时还支持一些第三方的解析器，在本任务中，使用的是 Python 标准库默认解析器 html.pareser，不需要另外安装。

2. 使用 Requests 库爬取京东上空调热销榜单网页

打开京东，搜索“空调”，单击综合排名，如图 2-20 所示。

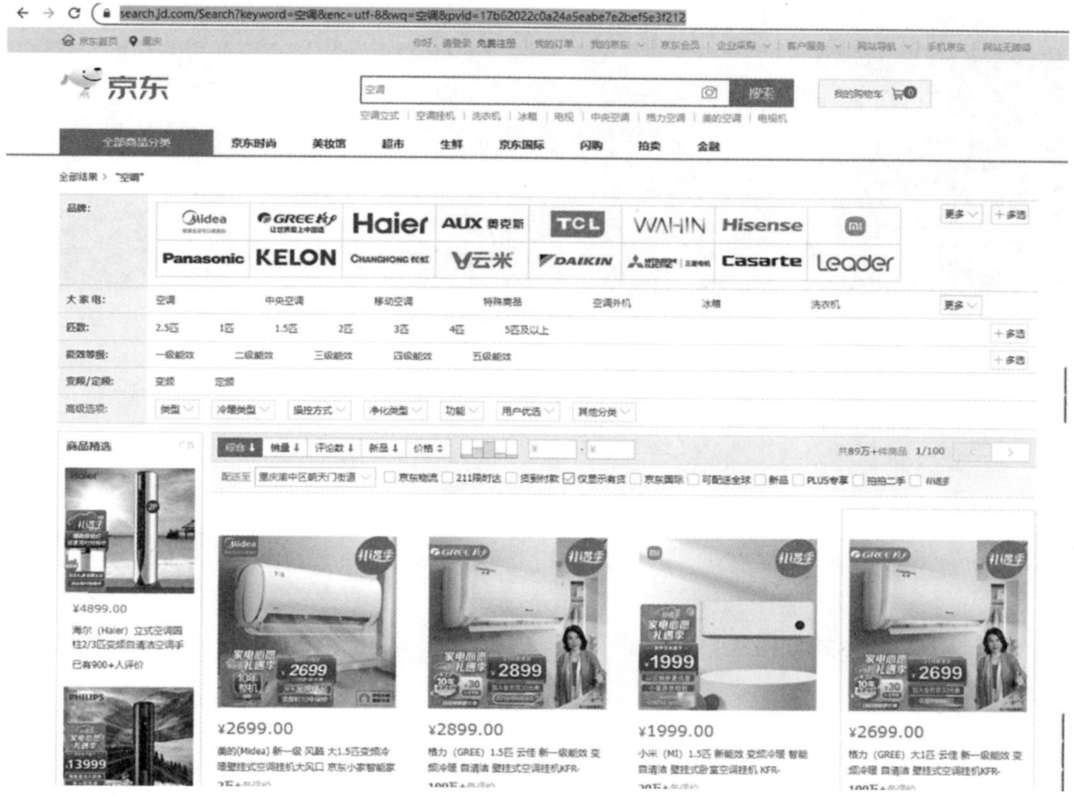

图 2-20 空调综合排名

使用 pycharm 创建项目，编写代码爬取对应网页内容，并将其打印出来，查看是否正确爬取下来。

代码编写如下：

```
import requests
url = 'https: //search.jd.com/Search?keyword=%E7%A9%BA%E8%B0%83&enc=utf-8&wq=
%E7%A9%BA%E8%B0%83&pvid=733dc96a4694449d9a287bf0c78c30c6'
```

```
userAgent = 'Mozilla/5.0（Windows NT 10.0; WOW64）AppleWebKit/537.36（KHTML, like Gecko） Chrome/55.0.2883.87 Safari/537.36'
header = {
  'User-Agent'：userAgent,
}
res = requests.get（url，headers=header）
print（res.status_code）
text = res.text
print（text）
```

查看输出内容，如图 2-21 所示。

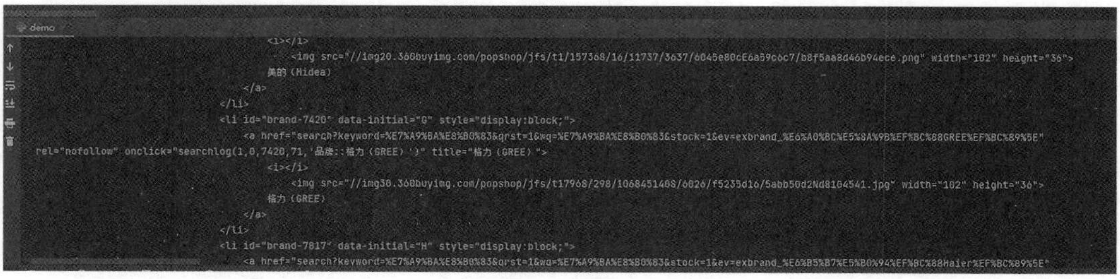

图 2-21　采集到的网页内容

3. 使用 Beautiful Soup 库解析网页，获取用户需要的数据

导入 Beautiful Soup 库。

```
from bs4 import BeautifulSoup
```

设置解析器，解析网页内容。

```
soup = BeautifulSoup（text，'html.parser'）
```

采用 selecter 选择器，定位用户需要的数据在网页中的位置，根据要求，将综合排名前十的空调名称和价格采集下来。

```
data = {}
bangdan = {}
for i in range（1，11）：
  # 找到空调的名称
  kongtiao = soup.select（"#J_goodsList > ul > li：nth-child（" + str（i） + "） > div > div.p-name.p-name-type-2 > a > em"）
  # 找到空调的价格
  jiagelist = soup.select（"#J_goodsList > ul >li：nth-child（"+str（i）+"） > div > div.p-price > strong > i "）
  # 使用 zip 函数返回一个元组为元素的列表
  for kt，jiage in zip（kongtiao，jiagelist）：
```

```
        data['空调名称'] = kt.get_text()
        data['价格'] = jiage.get_text()
        bangdan['第'+str(i)+'空调'] = data
print(bangdan)
```

执行代码，查看输入结果，如图 2-22 所示。

```
C:\Users\1\PycharmProjects\requestslogin\venv\Scripts\python.exe C:/Users/1/python123/python123/spiders/demo.py
200
{'第1空调': {'空调名称': 'TCL 大1匹 新三级能效 变频冷暖 第六感 除菌智清洁技术 壁挂式 挂式空调挂机KFRd-26GW/D-XQ11Bp(B3)卧室', '价格': '1799.00'}, '第2空调': {'空调名称': 'TC

Process finished with exit code 0
```

图 2-22 采集数据内容

4. 导入 json 库，将采集到的数据存放到 json 文件中

导入 json 库。

```
import json
```

创建 json 文件，将采集到的数据进行转换后存入 json 文件中。

```
file = open("./bangdan.json", mode='a', encoding='utf-8')
  info =json.dumps(data, ensure_ascii=False)
  file.write(info+'\n')
  file.close()
```

最终得到 bangdan.json 文件，文件内容如图 2-23 所示。

```
{"空调名称": "海尔(Haier) 1.5匹 静悦 新一级 变频省电 冷暖 卧室挂式空调挂机 大风口 KFR-35GW/01KGC81U1以旧换
{"空调名称": "\n美的(Midea) 1.5匹空调风酷新一级变频冷暖壁挂式空调挂机大风口 京东小家智能家电 以旧换新KFR-35GW
{"空调名称": "格力（GREE）1.5匹 云佳 新一级能效 变频冷暖 自清洁 壁挂式空调挂机KFR-35GW/NhGc1B以旧换新", "价
{"空调名称": "\n美的(Midea) 大1匹空调风酷新一级变频冷暖壁挂式空调挂机大风口京东小家智能家电 以旧换新 KFR-26GW
{"空调名称": "小米（MI）1.5匹 新能效 变频冷暖 智能自清洁 壁挂式卧室空调挂机 KFR-35GW/N1A3  以旧换新", "价格
{"空调名称": "格力的压缩机空调东宝空调省电挂机1匹2匹1.5匹单/冷小大一匹冷\\/暖两用1p3匹壁挂式变/频 夏新 大1匹单
{"空调名称": "奥克斯 (AUX) 1.5匹 新3级能效 易拆银离子滤网 变频冷暖 京裕II 空调挂机(KFR-35GW/BpR3AQE1(B3))
{"空调名称": "康佳（kmini） 1.5匹 新能效 快速冷暖 一键节能  壁挂式卧室  空调挂机 KFR-35GW/9M5", "价格": "
{"空调名称": "小米（MI）大1匹 新能效 单冷空调 清凉版  独立除湿 壁挂式卧室空调挂机 KF-26GW/C1A5", "价格": "1
```

图 2-23 空调榜单数据文件内容

做一做

采用相同的步骤，将淘宝上综合排名前十的空调名称及价格等相关数据采集下来：

实践步骤：	编写代码：

〖任务检测〗

一、填空题

1. Beautiful Soup 是一个可以从________或________文件中提取数据的 Python 库。

2. Beautiful Soup 库中的 4 种对象是：__________、__________、__________、________。

3. 运行代码"print soup.p.name"将获取________________。

二、简答题

简述 Beautiful Soup 是如何通过遍历文档树获取信息元素的。

三、实操题

安装并使用 Beautiful Soup 库解析任务一中爬取的网页内容。

〖任务评价〗

评价内容	识记	理解	应用	分析	评价	创造	问题
安装 beautifulsoup4 库							
使用 Requests 库爬取豆瓣电影榜单、音乐网站内容							
使用 Beautiful Soup 库对网页内容进行解析							
使用 selector 定位电影名称、图片等元素							
下载并保存电影宣传文件							
教师诊断评语：							

导入数据集

通过爬虫技术可以从网络上爬取到海量的数据，为了让这些数据能被更好地使用，就需要对采集的数据进行存储。目前一般采用CSV文件、XLSX文件、JSON文件及关系型数据库来存储采集数据。不同的文件类型存储数据有各自的特点，如JSON文件是一种轻量级的数据交换格式，具有良好的可读性和便于快速编写的特性，同时它还可以在不同平台之间进行数据交换。

完成本项目需要具备的知识和能力：

◆ CSV文件及数据读写

◆ XLSX文件及数据读写

◆ JSON文件及数据读写

◆ 关系型数据库及数据读写

任务一　读写 CSV 数据文件

〖任务描述〗

巨蟒公司最近接到一个学校社团业务，该社团要为毕业生提供全面的招聘信息服务。许多企业（如腾讯、京东等）在招聘网上提供了各种工作岗位信息，现需要巨蟒公司从网页上获取并汇总岗位数据（岗位名称、地点、岗位类别、岗位需求、岗位职责、发布时间等）并存储在 CSV 文件中，如图 3-1 所示。

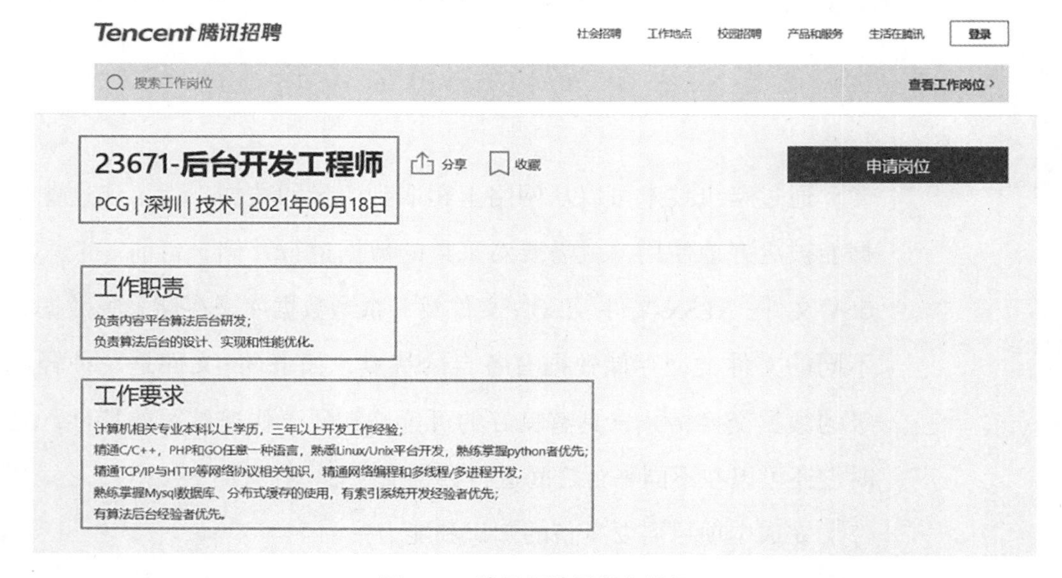

图 3-1　腾讯招聘网岗位数据

〖知识准备〗

1. 认识 CSV 数据文件

CSV（又称为逗号分隔值文件格式），它是以纯文本形式存储表格数据（数字和文本）。例如，图 3-2 的内容若以 CSV 格式表示应如下所示。

年，制造商，型号，说明，价值

1997，Ford，E350，"ac，abs，moon"，3000.00

1999，Chevy，"Venture ""Extended Edition"""，""，4900.00

1999，Chevy，"Venture ""Extended Edition，Very Large"""，""，5000.00

1996，Jeep，Grand Cherokee，"MUST SELL!

air，moon roof，loaded"，4799.00

年	制造商	型号	说明	价值
1997	Ford	E350	ac， abs， moon	3000.00
1999	Chevy	Venture "Extended Edition"		4900.00
1999	Chevy	Venture "Extended Edition， Very Large"		5000.00
1996	Jeep	Grand Cherokee	MUST SELL! air， moon roof， loaded	4799.00

图 3-2 纯文本形式存储表格数据

2. 使用 CSV 库读写 CSV 文件

（1）读取 CSV 文件

● 获取 CSV 文件的文件表头

```
# 方式一
import csv
with open（"D：\\test.csv"） as f：
    reader = csv.reader（f）
    rows=[row for row in  reader]
    print（rows[0]）
# 方式二
import csv
with open（"D：\\test.csv"） as f：
    #1. 创建阅读器对象
    reader = csv.reader（f）
    #2. 读取文件第一行数据
    head_row=next（reader）
    print（head_row）
```

● 读取文件的某一列数据

使用 csv.reader（）返回一个 reader 对象，它将迭代给定 csvfile 中的行。 csvfile 可以是任何支持迭代器协议的对象，并在每次 __next__（）调用其方法时返回一个字符串，文件对象和列表对象都是合适的。

```
import csv
with open（"D：\\test.csv"） as f：
    reader = csv.reader（f）
    column=[row[0] for row in  reader]
    print（column）
```

（2）写入 CSV 文件

```
import csv
with open（"D：\\test.csv"，'w'） as f:
    row=['张三'，'23'，'学生'，'北京'，'2000']
    write=csv.writer（f）
    write.writerow（row）
    print（"写入完毕！"）
```

注意：writerow（）方法是一行一行写入，writerows（）方法是一次写入多行。

〖任务分析〗

实现任务的方法与步骤：

方法一	方法二
搭建腾讯招聘 Scrapy 框架； 抓取数据包，分析页面结构，理清抓取思路和抓取策略； 在 items.py 里面定义要抓取的数据字段； 编写爬虫文件主体逻辑，实现数据的抓取； 修改 settings.py 文件； 编写管道文件 pipelines.py，将数据存入 CSV 文件中	此处由教师或学生自己思考方法实现任务

〖任务实施〗

1. 搭建腾讯招聘 Scrapy 框架

使用开发工具 PyCharm，创建项目“Tencent”，在项目根目录下创建“run.py”“tencent.csv”，并为项目应用 Scrapy 框架，项目的目录结构如图 3-3 所示。

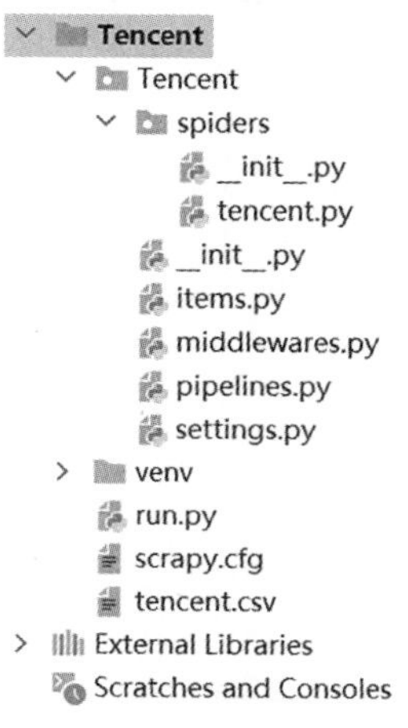

图 3-3　目录结构

2. 爬取数据，将数据存入 CSV 文件中

在“items.py”里面定义要抓取的数据字段。

items.py：

```
import scrapy
class TencentItem（scrapy.Item）：
# 定义要抓取的数据结构
   name = scrapy.Field（）              # 岗位名称
location = scrapy.Field（）             # 地点
kind = scrapy.Field（）                 # 岗位类别
duty = scrapy.Field（）                 # 岗位需求
requ = scrapy.Field（）                 # 岗位职责
release_time = scrapy.Field（）         # 发布时间
```

编写爬虫文件主体逻辑，实现数据的抓取。

tencent.py：

```
import scrapy
import json
import math
import urllib.parse
from ..items import TencentItem


class TencentSpider（scrapy.Spider）：
    # 对一级页面发送请求，获取岗位的 post_id，拿到 post_id，再构建二级页面
url，然后才能获取岗位信息
    # 首先得知道总的页数，知道页数之后，所有页面的 url 就有了，要拿总的页数，
只要知道搜索的岗位就能确定了
    name = 'tencent'
    allowed_domains = ['careers.tencent.com']
    job = input（" 请输入你要搜索的工作岗位：" ）
    # 对 url 进行编码
    encode_job = urllib.parse.quote（job）
    # 一级页面 url，keyword 表示搜索的岗位，pageindex 表示当前的页面
    one_url = "https：//careers.tencent.com/tencentcareer/api/post/Query?timestamp=16246
75284585&countryId=&cityId=&bgIds=&productId=&categoryId=&parentCategoryId=&attrId=
&keyword={}&pageIndex={}&pageSize=10&language=zh-cn&area=cn"
    # 分析 url 看到，不同岗位的 url 只是 postId 不一样
```

```
    two_url = "https://careers.tencent.com/tencentcareer/api/post/ByPostId?timestamp=162
4674939042&postId={}&language=zh-cn"
    start_urls = [one_url.format(encode_job, 1)]

    def parse(self, response):
        # 返回的是 json 字符串
        json_dic = json.loads(response.text)
        job_counts = int(json_dic['Data']['Count'])
        print(job_counts)
        # ceil 表示向上取整，得到总页数
        total_pages = math.ceil(job_counts / 10)
        # 构建每一页的 url
        for page in range(1, total_pages + 1):
            one_url = self.one_url.format(self.encode_job, page)
            # 对一级页面发送请求，获取所有岗位的 postID，callback 表示用哪个方法
              去处理响应
            yield scrapy.Request(url=one_url, callback=self.parse_post_ids)

    def parse_post_ids(self, response):
        # 得到一个列表，列表里面装的是字典，字典里面就有 post_id
        posts = json.loads(response.text)['Data']['Posts']
        # 遍历列表，拿到每个岗位的 post_id
        for p in posts:
            post_id = p['PostId']
            # 构建二级页面 url
            two_url = self.two_url.format(post_id)
            # 将 url 交给调度器入队列
            yield scrapy.Request(url=two_url, callback=self.parse_job)

    def parse_job(self, response):
        """ 二级页面，岗位详情解析逻辑 """
        item = TencentItem()
        job = json.loads(response.text)['Data']
        item['name'] = job['RecruitPostName']
        item['location'] = job['LocationName']
        item['kind'] = job['CategoryName']
```

```
        item['duty'] = job['Responsibility']
        item['requ'] = job['Requirement']
        item['release_time'] = job['LastUpdateTime']
        yield item
```

修改“settings.py”文件。

```
settings.py:
BOT_NAME = 'Tencent'

SPIDER_MODULES = ['Tencent.spiders']
NEWSPIDER_MODULE = 'Tencent.spiders'

# Obey robots.txt rules
# 是否遵守 robots 协议，默认为 True，表示遵守，通常要改为 False
ROBOTSTXT_OBEY = False

# Configure maximum concurrent requests performed by Scrapy (default: 16)
# 最大并发请求数量，默认是 16
CONCURRENT_REQUESTS = 1

# Configure a delay for requests for the same website (default: 0)
# See https://docs.scrapy.org/en/latest/topics/settings.html#download-delay
# See also autothrottle settings and docs
# 下载延迟
DOWNLOAD_DELAY = 2

# Override the default request headers:
DEFAULT_REQUEST_HEADERS = {
  'Accept': 'text/html, application/xhtml+xml, application/xml;q=0.9, */*;q=0.8',
  'Accept-Language': 'en',
   'User-Agent': 'Mozilla/5.0 (Windows NT 10.0; Win64; x64) AppleWebKit/537.36
(KHTML, like Gecko) Chrome/91.0.4472.77 Safari/537.36'
}

# Configure item pipelines
# See https://docs.scrapy.org/en/latest/topics/item-pipeline.html
```

```
# 管道，300 表示优先级，数字越小，优先级越高
ITEM_PIPELINES = {
  'Tencent.pipelines.TencentPipeline': 300,
  'Tencent.pipelines.TencentCsvPipeline': 200
}
```

编写管道文件“pipelines.py”，将数据存入 CSV 文件中。

pipelines.py:

```
import csv
import codecs
class TencentPipeline:
    def process_item(self, item, spider):
        print(item)
        return item

class TencentCsvPipeline:
    def open_spider(self, spider):
        """ 爬虫开启时执行一次 """
        print("爬虫开始执行")

    # 处理数据的逻辑
    def process_item(self, item, spider):
        # 打开 CSV 文件：tencent.csv，进行数据写入操作
        with codecs.open("tencent.csv", 'a', encoding="utf-8") as f:
            data = [item['name'],
                    item['location'],
                    item['kind'],
                    item['duty'],
                    item['requ'],
                    item['release_time']]
            write = csv.writer(f)
            write.writerow(data)
        return item

    def close_spider(self, spider):
        print("退出爬虫")
```

3. 程序运行及效果

（1）程序运行

编辑“run.py”文件。

run.py：

```
from scrapy import cmdline
cmdline.execute（'scrapy crawl tencent -o tencent.csv'.split（））
```

鼠标右键单击“run.py”，选择“Run ‘run’ ”运行程序，如图 3-4 所示。

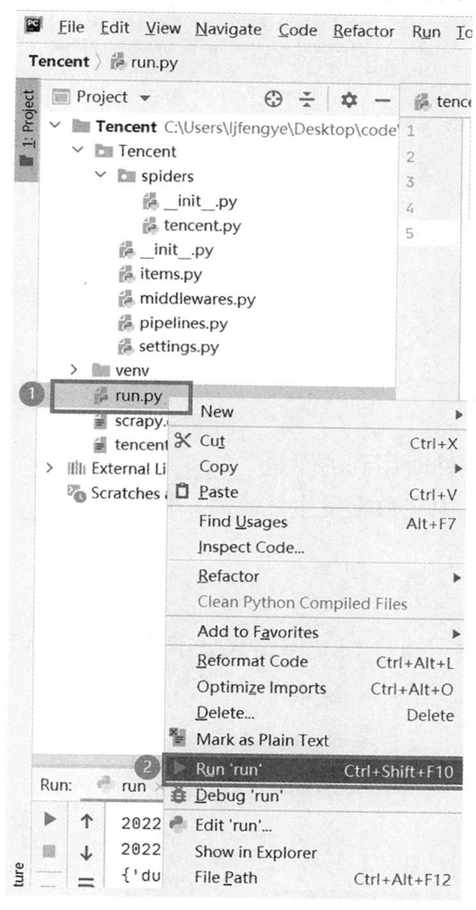

图 3-4 运行程序

在运行窗口中输入要爬取的岗位后，开始爬取数据，如图 3-5 所示。

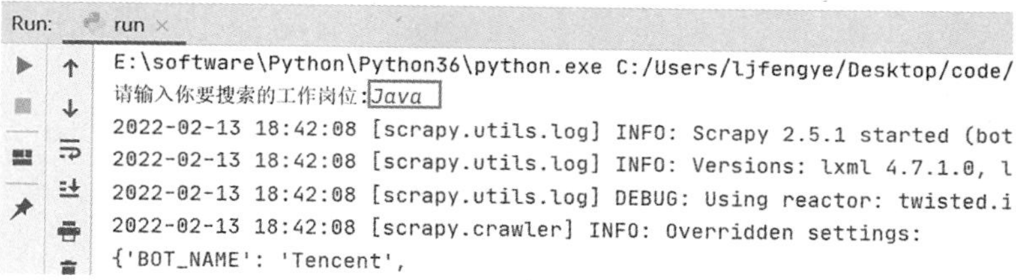

```
Run:  run ×
E:\software\Python\Python36\python.exe C:/Users/ljfengye/Desktop/code/
请输入你要搜索的工作岗位:Java
2022-02-13 18:42:08 [scrapy.utils.log] INFO: Scrapy 2.5.1 started (bot
2022-02-13 18:42:08 [scrapy.utils.log] INFO: Versions: lxml 4.7.1.0, l
2022-02-13 18:42:08 [scrapy.utils.log] DEBUG: Using reactor: twisted.i
2022-02-13 18:42:08 [scrapy.crawler] INFO: Overridden settings:
{'BOT_NAME': 'Tencent',
```

图 3-5 爬取数据

（2）运行效果

打开项目根目录下的“tencent.csv”，查看爬取的数据（部分数据），如图 3-6 所示。

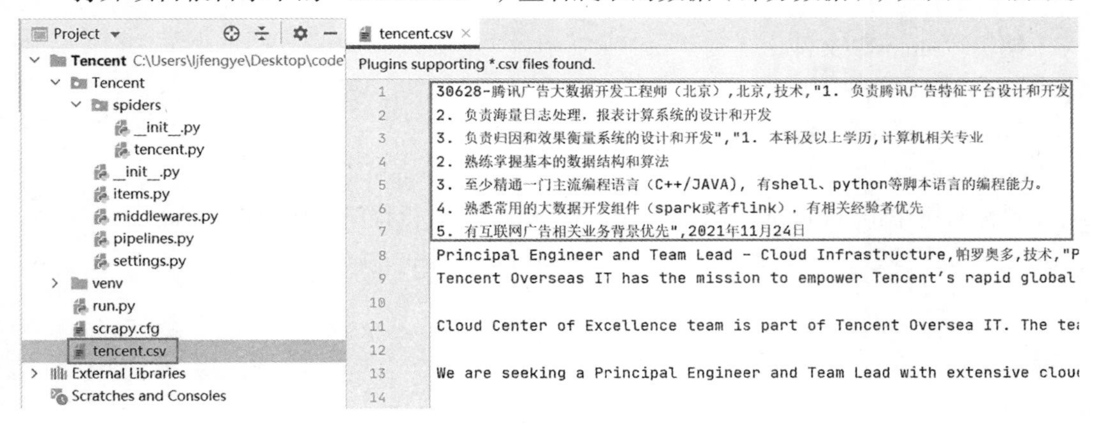

图 3-6 爬取的部分数据

〖任务检测〗

一、填空题

1. Python 操作 CSV 文件时用到的库是____________________。
2. Python 向 CSV 写入中文数据发生乱码时，用到的库是____________________。

二、实操题

1. 自建一个 CSV 文件，通过 CSV 库写入如下信息到文件中，并处理中文乱码。

学号	姓名	年龄	班级
1	张三	16	1 班
2	李四	17	1 班
3	王五	16	1 班

2. 通过 CSV 库，输出题 1 中 CSV 文件的数据。

〖任务评价〗

评价内容	识记	理解	应用	分析	评价	创造	问题
应用 Scrapy 爬虫框架的项目搭建							
CSV 文件的读和写							
CSV 文件写入时中文乱码处理							
教师诊断评语：							

任务二　读写 XLSX 数据文件

〖任务描述〗

巨蟒公司最近接到一个学校社团业务，该社团要为毕业生提供全面的招聘信息服务。许多企业（如腾讯、京东等）在招聘网上提供了各种工作岗位信息，现需要巨蟒公司从网页上获取并汇总岗位数据（岗位名称、地点、岗位类别、岗位需求、岗位职责、发布时间等）并存储在 XLSX 文件中。

〖知识准备〗

1. 认识 openpyxl 库

Python 中的 openpyxl 库主要用于读取和写入 Excel 文件，它只能操作 XLSX 文件而不能操作 XLS 文件。通过“pip install openpyxl”命令可以下载安装 openpyxl 库。

在 openpyxl 库中主要用到 3 个概念：Workbook（工作簿）、Sheet（工作表）、Cell（单元格）。openpyxl 围绕着这三个概念进行 XLSX 文件读写，读写时主要经过三个操作：打开 Workbook、定位 Sheet、操作 Cell。

2. 使用 openpyxl 库实现 XLSX 数据文件读写

（1）XLSX 文件基本操作

- 创建工作簿

不需要提前在文件系统上创建文件，直接使用 openpyxl 创建表格。先导入 workbook 类，再使用 workbook.active 方法获取一个工作表。

```
from openpyxl import workbook
wb = workbook（）
ws = wb.active
```

默认情况下 workbook.active（value）方法中的 value 为 0，即使用此方法获得第一个工作表，可以修改此值；也可以使用 workbook.create_sheet（）方法创建新的工作表。

```
# 在末尾插入（默认）
ws1 = wb.create_sheet（"Mysheet"）
# 插入第一个位置
ws2 = wb.create_sheet（"Mysheet"，0）
# 倒数第二个位置插入
ws2 = wb.create_sheet（"Mysheet"，-1）
```

可以通过 Worksheet.title 属性更改工作表名称。

```
ws.title = "New Title"
```

默认情况下，工作表选项卡的背景颜色为白色，可以通过 worksheet.sheet_properties.tabColor 属性修改颜色。

```
ws.sheet_properties.tabColor = "1072BA"
```

给工作表命名后，就可以将其作为工作簿的键值，以指向对应的工作表，并可以使用 workbook.sheetname 属性查看工作簿中所有工作表的名称，也可以遍历工作表。

```
ws3 = wb["New Title"]
print（wb.sheetnames） # ['sheet2', 'New Title', 'Sheet1']
for sheet in wb:
    print（sheet.title）
```

可以复制某个工作簿，创建一个副本。该行为仅复制单元格（值、样式、超链接、注释）和某些工作表属性（尺寸、格式、属性）。如果工作簿以 read-only 或 write-only 只读模式打开，则不能复制工作表：

```
source = wb.active
target = wb.copy_worksheet（source）
```

● 操作数据

单元格可以直接作为工作表中的键值进行访问。例如，返回 A4 处的单元格，如果不存在则创建一个单元格，可以直接分配值。

```
c = ws['A4']
ws['A4'] = 4
```

● 一个单元格

通过 worksheet.cell（）方法可以使用行和列定位要访问的单元格。

```
d = ws.cell（row=4, column=2, value=10）
```

● 多个单元格

可以通过切片访问单元格范围，行或列的范围可以用类似方法获得。

```
cell_range = ws['A1':'C2']
colC = ws['C']
col_range = ws['C:D']
row10 = ws[10]
row_range = ws[5:10]
```

也可以使用 worksheet.iter_rows（）或 worksheet.iter_cols（）方法获取行、列，但是由于性能原因，这两个方法在只读模式下不可用。

```
for row in ws.iter_rows（min_row=1, max_col=3, max_row=2）:
    for cell in row:
        print（cell）
# <Cell Sheet1.A1>
# <Cell Sheet1.B1>
```

```
# <Cell Sheet1.C1>
# <Cell Sheet1.A2>
# <Cell Sheet1.B2>
# <Cell Sheet1.C2>
for col in ws.iter_cols（min_row=1， max_col=3， max_row=2）:
    for cell in col:
        print（cell）
# <Cell Sheet1.A1>
# <Cell Sheet1.A2>
# <Cell Sheet1.B1>
# <Cell Sheet1.B2>
# <Cell Sheet1.C1>
# <Cell Sheet1.C2>
```

如果需要遍历所有行或列，则可以使用 worksheet.rows 或 worksheet.columns 属性，但同样在只读模式下不可用。

```
ws = wb.active
ws['C9'] = 'hello world'
tuple（ws.rows）
#（（<Cell Sheet.A1>，<Cell Sheet.B1，<Cell Sheet.C1>），
#（<Cell Sheet.A2>，<Cell Sheet.B2，<Cell Sheet.C2>），
#（<Cell Sheet.A3>，<Cell Sheet.B3，<Cell Sheet.C3>），
#（<Cell Sheet.A4>，<Cell Sheet.B4，<Cell Sheet.C4>），
#（<Cell Sheet.A5>，<Cell Sheet.B5，<Cell Sheet.C5>），
#（<Cell Sheet.A6>，<Cell Sheet.B6，<Cell Sheet.C6>），
#（<Cell Sheet.A7>，<Cell Sheet.B7，<Cell Sheet.C7>），
#（<Cell Sheet.A8>，<Cell Sheet.B8，<Cell Sheet.C8>），
#（<Cell Sheet.A9>，<Cell Sheet.B9，<Cell Sheet.C9>））
tuple（ws.columns）
#（（<Cell Sheet.A1>，
# <Cell Sheet.A2>，
# <Cell Sheet.A3>，
# <Cell Sheet.A4>，
# <Cell Sheet.A5>，
# <Cell Sheet.A6>，
# ...
# <Cell Sheet.A9>））
```

● 仅值

如果只需要工作表中的值，则可以使用 worksheet.values 属性，这会遍历工作表中的所有行，但仅返回单元格的值。

```
for row in ws.values:
   for value in row:
     print（value）
```

通过 worksheet.iter_rows（） 和 worksheet.iter_cols（） 可以获取 values_only 参数，只返回单元格的值。

```
for row in ws.iter_rows（min_row=1，max_col=3，max_row=2，values_only=True）:
   print（row）
#（None，None，None）
#（None，None，None）
```

如果只需要工作表的最大行数和最大列数，可以使用 max_row 和 max_column 属性获取。

```
print（ws.max_row） # 4
print（ws.max_column） # 15
```

● 数据存储

通过 cell 就可以为其分配一个值。

```
c.value = 'hello，world'
print（c.value） # 'hello，world
d.value = 3.14
print（d.value） # 3.14
```

● 保存到文件

保存工作簿的最简单、安全的方法是使用对象的 workbook.save（）方法。

```
wb = Workbook（）
wb.save（'balances.xlsx'）
```

注意：如果文件已经存在，此操作将覆盖现有文件，不会抛出异常或警告。

● 从文件加载

可以通过 openpyxl.load_workbook（）打开现有的工作簿。

```
from openpyxl import load_workbook
wb2 = load_workbook（（'test.xlsx'））
print（wb2.sheetnames） # ['Sheet2'，'New Title'，'Sheet1']
```

● 读工作簿

```
from openpyxl import load_workbook
wb = load_workbook（filename = 'empty_book.xlsx'）
sheet_ranges = wb['range names']
print（sheet_ranges['D18'].value） # 3
```

（2）写 XLSX 文件

向 XLSX 文件中写入数据。

xlsxWrite.py：

```
from openpyxl import Workbook
from openpyxl.utils import get_column_letter
wb = Workbook（）
dest_filename = 'test.xlsx'
ws1 = wb.active
ws1.title = "mySheet"      # 设置活动工作表名称为 mySheet
for row in range（1，4）:
  ws1.append（range（6））
wb.save（filename = dest_filename）
```

在项目根目录下会创建 test.xlsx 文件，双击打开该文件，内容如图 3-6 所示。

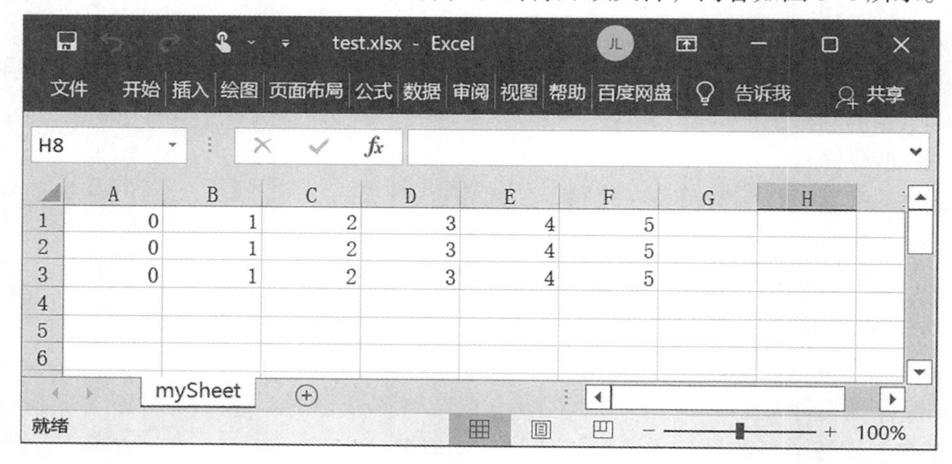

图 3-6　test.xlsx 文件

（3）读 XLSX 文件

读取并输出 test.xlsx 中的数据。

xlsxRead.py：

```
from openpyxl import load_workbook
  wb = load_workbook（filename = 'test.xlsx'）
  ws1 = wb['mySheet']
  for row in ws1.values:
    for value in row:
      print（value）
```

运行该程序后，输出 test.xlsx 中各单元格的值，如图 3-7 所示。

图 3-7 test.xlsx 中各单元格的值

〖任务分析〗

实现任务的方法与步骤：

方法一	方法二
搭建腾讯招聘 Scrapy 框架； 抓取数据包，分析页面结构，理清抓取思路和抓取策略； 在 items.py 里面定义要抓取的数据字段； 编写爬虫文件主体逻辑，实现数据的抓取； 修改 settings.py 文件； 编写管道文件 pipelines.py，将数据存入 XLSX 文件中	此处由教师或学生自己思考方法实现任务

〖任务实施〗

1. 搭建腾讯招聘 Scrapy 爬虫框架

在任务一创建的项目“Tencent”基础上搭建 Scrapy 爬虫框架。

2. 爬取数据，将数据存入 XLSX 文件中

在 items.py 里面定义要抓取的数据字段。

编写爬虫文件主体逻辑，实现数据的抓取。

无须改动，完成以下操作即可：

①修改 settings.py 文件。

settings.py：

```
BOT_NAME = 'Tencent'

SPIDER_MODULES = ['Tencent.spiders']
NEWSPIDER_MODULE = 'Tencent.spiders'

# Obey robots.txt rules
# 是否遵守 robots 协议，默认为 True，表示遵守，通常要改为 False
ROBOTSTXT_OBEY = False

# Configure maximum concurrent requests performed by Scrapy （default: 16）
# 最大并发请求数量，默认是 16
CONCURRENT_REQUESTS = 1

# Configure a delay for requests for the same website （default: 0）
# See https://docs.scrapy.org/en/latest/topics/settings.html#download-delay
# See also autothrottle settings and docs
# 下载延迟
DOWNLOAD_DELAY = 2

# Override the default request headers:
DEFAULT_REQUEST_HEADERS = {
  'Accept': 'text/html，application/xhtml+xml，application/xml;q=0.9，*/*;q=0.8',
  'Accept-Language': 'en',
  'User-Agent': 'Mozilla/5.0 （Windows NT 10.0; Win64; x64） AppleWebKit/537.36
（KHTML，like Gecko） Chrome/91.0.4472.77 Safari/537.36'
}

# Configure item pipelines
# See https://docs.scrapy.org/en/latest/topics/item-pipeline.html
# 管道，300 表示优先级，数字越小，优先级越高
ITEM_PIPELINES = {
  'Tencent.pipelines.TencentPipeline': 300,
  'Tencent.pipelines.TencentXlsxPipeline': 200
}
```

②修改管道文件 pipelines.py，将数据存入 XLSX 文件中。在原代码的基础上，增加如下导包和代码。

● 导包

```
from openpyxl import Workbook, load_workbook
```

● 增加数据存入 XLSX 文件的实现代码

```
pipelines.py:
import csv
import codecs
from openpyxl import Workbook, load_workbook
class TencentXlsxPipeline:
    def open_spider(self, spider):
        """ 爬虫开启时执行一次 """
        print("爬虫开始执行")
        # 创建 xlsx 文件：tencent.xlsx，进行数据写入操作
        wb = Workbook()
        ws1 = wb.active
        ws1.title = "腾讯招聘岗位信息表"
        ws1.append(["岗位名称", "地点", "岗位类别", "岗位需求", "岗位职责", "发布时间"])
        wb.save("tencent.xlsx")
        print("文件创建成功")
    # 处理数据的逻辑
    def process_item(self, item, spider):
        wb = load_workbook(filename='tencent.xlsx')
        ws1 = wb['腾讯招聘岗位信息表']
        data = [item['name'],
            item['location'],
            item['kind'],
            item['duty'],
            item['requ'],
            item['release_time']]
        # 对 excel 表追加一行内容
        ws1.append(data)
        wb.save("tencent.xlsx")
        return item
```

```
def close_spider ( self, spider ) :
    print ( " 退出爬虫 " )
```

3. 程序运行及效果

（1）程序运行

鼠标右键单击“run.py”，选择“Run ‘run’ ”运行程序，如图 3–8 所示。

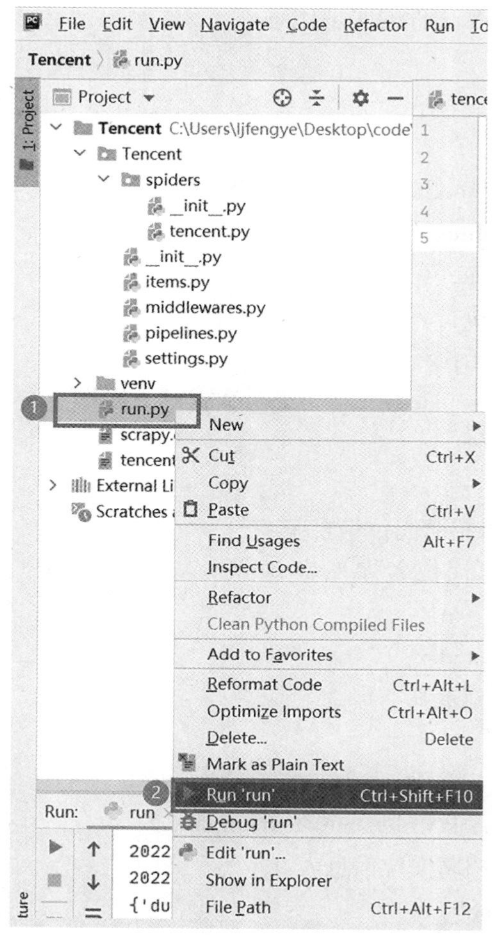

图 3–8　运行程序

在运行窗口中输入要爬取的岗位后，开始爬取数据，如图 3–9 所示。

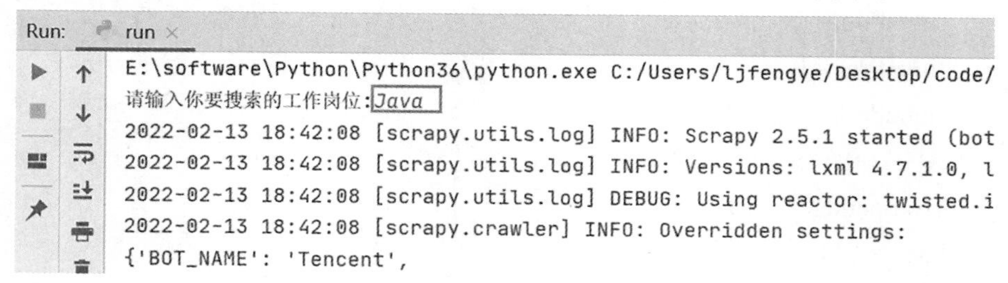

图 3–9　开始爬取数据

（2）运行效果

在项目根目录下会创建 tencent.xlsx 的数据文件，项目目录结构如图 3-10 所示。

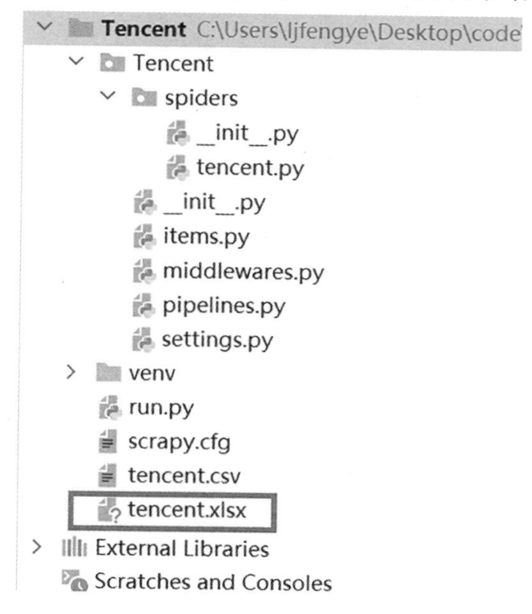

图 3-10 项目目录结构

双击打开 tencent.xlsx 文件，查看爬取的数据（部分数据），如图 3-11 所示。

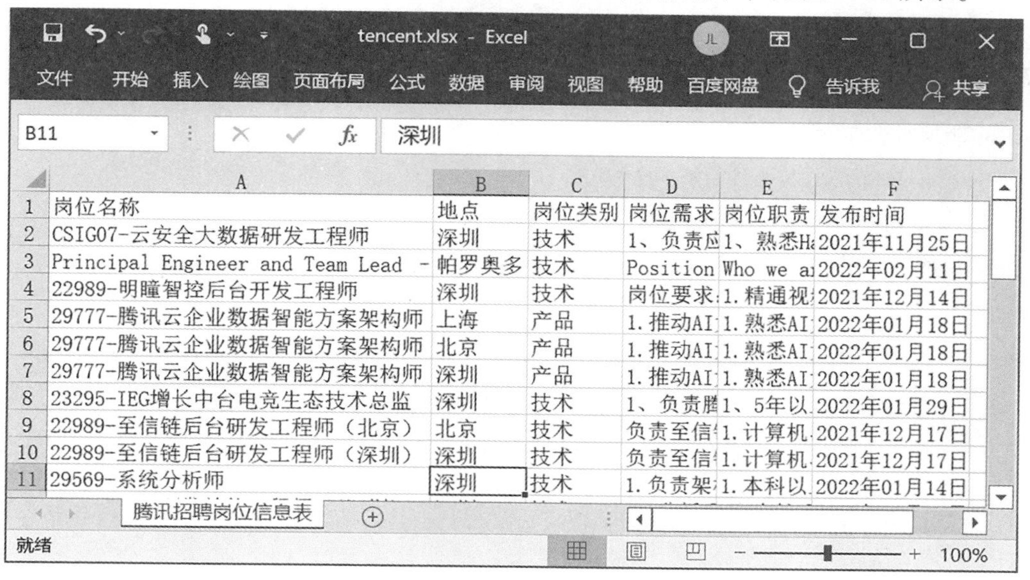

	A	B	C	D	E	F
1	岗位名称	地点	岗位类别	岗位需求	岗位职责	发布时间
2	CSIG07-云安全大数据研发工程师	深圳	技术	1、负责应	1、熟悉Ha	2021年11月25日
3	Principal Engineer and Team Lead -	帕罗奥多	技术	Position	Who we ai	2022年02月11日
4	22989-明瞳智控后台开发工程师	深圳	技术	岗位要求:	1. 精通视	2021年12月14日
5	29777-腾讯云企业数据智能方案架构师	上海	产品	1. 推动AI	1. 熟悉AI	2022年01月18日
6	29777-腾讯云企业数据智能方案架构师	北京	产品	1. 推动AI	1. 熟悉AI	2022年01月18日
7	29777-腾讯云企业数据智能方案架构师	深圳	产品	1. 推动AI	1. 熟悉AI	2022年01月18日
8	23295-IEG增长中台电竞生态技术总监	深圳	技术	1、负责搭	1、5年以	2022年01月29日
9	22989-至信链后台研发工程师（北京）	北京	技术	负责至信	1. 计算机	2021年12月17日
10	22989-至信链后台研发工程师（深圳）	深圳	技术	负责至信	1. 计算机	2021年12月17日
11	29569-系统分析师	深圳	技术	1. 负责架	1. 本科以	2022年01月14日

图 3-11 爬取的部分数据

〖任务检测〗

一、填空题

1. Python 操作 XLSX 文件时用到的库是________________。

2. 在使用 openpyxl 模块操作 Excel 文件的时候一定要确保文件是________（关闭 / 打开）状态。

二、实操题

1. 通过 openpyxl 库，创建 data.xlsx 文件，并写入如下信息到文件中。

学号	姓名	年龄	班级
1	张三	16	1 班
2	李四	17	1 班
3	王五	16	1 班

2. 通过 openpyxl 库，输出题 1 中 data.xlsx 文件的数据。

〖任务评价〗

评价内容	识记	理解	应用	分析	评价	创造	问题
Scrapy 爬虫框架的熟练应用							
基于 openpyxl 库的 XLSX 文件的基本操作							
基于 openpyxl 库的 XLSX 文件的读和写							
教师诊断评语：							

任务三　读写 JSON 数据文件

【任务描述】

巨蟒公司最近接到一个学校社团业务，该社团要为毕业生提供全面的招聘信息服务。许多企业（如腾讯、京东等）在招聘网上提供了各种工作岗位信息，现需要巨蟒公司从网页上获取并汇总岗位数据（岗位名称、地点、岗位类别、岗位需求、岗位职责、发布时间等）并存储在 JSON 文件中。

【知识准备】

1. 认识 JSON 数据文件

（1）什么是 JSON

JSON（JavaScript Object Notation）是一种轻量级的数据交换格式。它是基于 ECMAScript 的一个子集。JSON 采用完全独立于语言的文本格式，但是也使用了类似于 C 语言家族的习惯（包括 C、C++、Java、JavaScript、Perl、Python 等）。这些特性使 JSON 成为理想的数据交换语言。JSON 易于人阅读和编写，同时也易于机器解析和生成（一般用于提升网络传输速率）。

（2）JSON 的结构

JSON 有两种表示结构：对象和数组。

对象结构：以“{”大括号开始，以“}”大括号结束。中间部分由 0 或多个以“，”分隔的“key（关键字）/value（值）”对构成，关键字和值之间以“：”分隔，其语法结构如下。

```
{
  key1：value1，
  key2：value2，
  ...
}
```

其中关键字是字符串，而值可以是字符串、数值、true、false、null、对象或数组等。数组结构以“[”开始，“]”结束。中间由 0 或多个以“，”分隔的值列表组成，其语法结构如下。

```
[
  {
    key1：value1，
```

```
        key2：value2
    }，{
        key3：value3，
        key4：value4
    }
]
```

（3）JSON 语法规则

● JSON 语法衍生于 JavaScript 对象标记法语法，其主要规则：数据在名称 / 值对中；数据由逗号分隔；大括号容纳对象；方括号容纳数组。

（4）JSON 数据

JSON 数据写为“名称 / 值”对，由字段名称构成，后跟冒号和值，如：

{"name"："Bill Gates"}

在 JSON 中，名称（键）必须是字符串，由双引号表示。

● 在 JSON 中，值必须是以下数据类型之一：字符串、数字、对象（JSON 对象）、数组、布尔、null。

2. 使用 json 库实现 JSON 数据文件读写

在 Python 中可以使用标准库中的 JSON 模块，其中的 loads、dumps 函数可以将一个 Python 对象转化成 JSON 的字符串；json.loads（）可以将 JSON 字符串转化成 Python 对象。例如，将一个 Python 数据结构转换为 JSON。

```
import json
data = {
    'name'：'ACME'，
    'shares'：100，
    'price'：542.23
}
json_str = json.dumps（data）
```

将一个 JSON 编码的字符串转换回一个 Python 数据结构，如：

```
data = json.loads（json_str）
```

如果要处理的是文件而不是字符串，可以使用 json.dump（）和 json.load（）来编码和解码 JSON 数据。

（1）写数据到 JSON 文件中

编辑运行以下代码向 data.json 文件写入数据。

```
import json
data = {'bigberg'：[7600，{1：[['iPhone'，6300]，['Bike'，800]，['shirt'，300]]}]}
# dump：将数据写入 json 文件中
with open（"data.json"，"w"） as f:
```

```
    json.dump（new_dict，f）
    print（" 加载文件完成 ..."）
```

双击打开查看 data.json 中的数据，如图 3-12 所示。

```
data.json
1    {"bigberg": [7600, {"1": [["iPhone", 6300], ["Bike", 800], ["shirt", 300]]}]}
```

图 3-12　data.json 中的数据

（2）读 JSON 文件中的数据

编辑运行以下代码，输出 data.json 中的数据。

```
import json
# load：把文件打开，并把字符串变换为数据类型
with open（"data.json"，'r'）as load_f：
    load_dict = json.load（load_f）
    print（load_dict）
```

运行结果如图 3-13 所示。

```
Run:  run ×   test ×
E:\software\Python\Python36\python.exe C:/Users/ljfengye/Desktop/code/6.26代码.
{'bigberg': [7600, {'1': [['iPhone', 6300], ['Bike', 800], ['shirt', 300]]}]}

Process finished with exit code 0
```

图 3-13　运行结果

〖任务分析〗

实现任务的方法与步骤：

方法一	方法二
搭建腾讯招聘 Scrapy 框架； 抓取数据包，分析页面结构，理清抓取思路和抓取策略； 在 items.py 里面定义要抓取的数据字段； 编写爬虫文件主体逻辑，实现数据的抓取； 修改 settings.py 文件； 编写管道文件 pipelines.py，将数据存入 JSON 文件中	此处由教师或学生自己思考方法实现任务

〖任务实施〗

1. 搭建腾讯招聘 Scrapy 爬虫框架

在任务一创建的项目“Tencent”的基础上搭建 Scrapy 爬虫框架。

2. 爬取数据，将数据存入 JSON 文件中

在 items.py 里面定义要抓取的数据字段。

编写爬虫文件主体逻辑，实现数据的抓取。

无须改动，完成以下操作即可：

①修改 settings.py 文件。

settings.py：

```
BOT_NAME = 'Tencent'

SPIDER_MODULES = ['Tencent.spiders']
NEWSPIDER_MODULE = 'Tencent.spiders'
# Obey robots.txt rules
# 是否遵守 robots 协议，默认为 True，表示遵守，通常要改为 False
ROBOTSTXT_OBEY = False
# Configure maximum concurrent requests performed by Scrapy （default：16）
# 最大并发请求数量，默认是 16
CONCURRENT_REQUESTS = 1
# Configure a delay for requests for the same website （default：0）
# See https：//docs.scrapy.org/en/latest/topics/settings.html#download-delay
# See also autothrottle settings and docs
# 下载延迟
DOWNLOAD_DELAY = 2
# Override the default request headers：
DEFAULT_REQUEST_HEADERS = {
  'Accept'：'text/html，application/xhtml+xml，application/xml;q=0.9，*/*;q=0.8',
  'Accept-Language'：'en',
   'User-Agent'：'Mozilla/5.0 （Windows NT 10.0; Win64; x64） AppleWebKit/537.36 （KHTML，like Gecko） Chrome/91.0.4472.77 Safari/537.36'
}
# Configure item pipelines
# See https：//docs.scrapy.org/en/latest/topics/item-pipeline.html
# 管道，300 表示优先级，数字越小，优先级越高
ITEM_PIPELINES = {
  'Tencent.pipelines.TencentPipeline'：300，
  'Tencent.pipelines.TencentJsonPipeline'：200
}
```

②修改管道文件 pipelines.py，将数据存入 XLSX 文件中。

在原代码的基础上，增加以下导包和代码：

● 导包

```
import json
```

● 增加数据存入 JSON 文件的实现代码

```
pipelines.py
# 爬取数据存入 JSON 文件
class TencentJsonPipeline:

    def open_spider（self, spider）:
        """ 爬虫开启时执行一次 """
        print（" 爬虫开始执行 "）
        # 创建 tencent.json 文件，并将空数组对象写入文件
        with open（"tencent.json", "w"） as f:
            json.dump（[], f, indent=4, ensure_ascii=False）

    # 处理数据的逻辑
    def process_item（self, item, spider）:

        data = {" 岗位名称 ": item['name'],
                " 地点 ": item['location'],
                " 岗位类别 ": item['kind'],
                " 岗位需求 ": item['duty'],
                " 岗位职责 ": item['requ'],
                " 发布时间 ": item['release_time']
            }
        datas = []
        with open（"tencent.json", "r", encoding="utf8"） as f:
            datas = json.load（f）
            datas.append（data）
            f.close（）
        with open（"tencent.json", "w", encoding="utf8"） as f:
            json.dump（datas, f, indent=4, ensure_ascii=False）
        return item

    def close_spider（self, spider）:
        print（" 退出爬虫 "）
```

3. 程序运行及效果

(1) 程序运行

鼠标右键单击“run.py”，选择“Run ‘run’”运行程序，如图 3–14 所示。

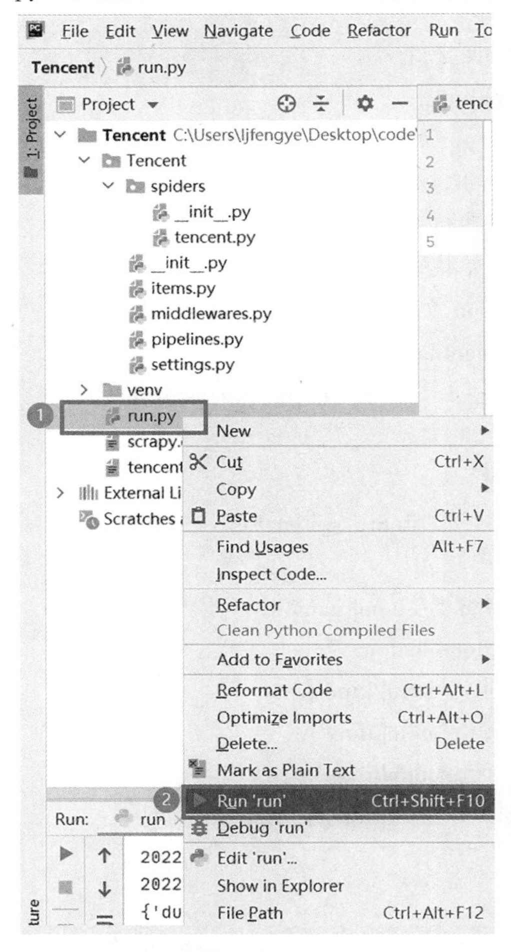

图 3–14　运行程序

在运行窗口中输入要爬取的岗位后，开始爬取数据，如图 3–15 所示。

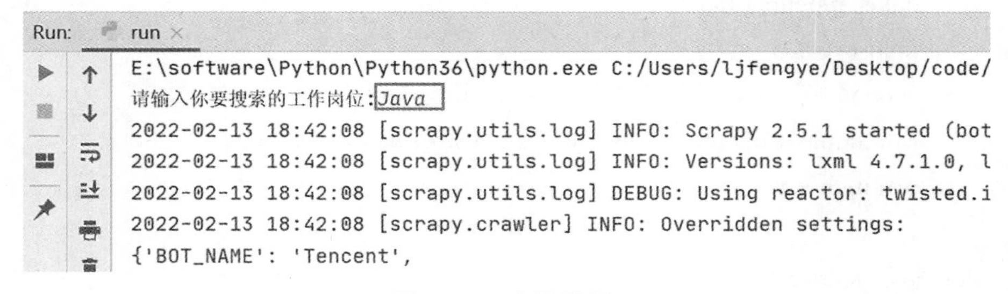

```
E:\software\Python\Python36\python.exe C:/Users/ljfengye/Desktop/code/
请输入你要搜索的工作岗位:Java
2022-02-13 18:42:08 [scrapy.utils.log] INFO: Scrapy 2.5.1 started (bot
2022-02-13 18:42:08 [scrapy.utils.log] INFO: Versions: lxml 4.7.1.0, l
2022-02-13 18:42:08 [scrapy.utils.log] DEBUG: Using reactor: twisted.i
2022-02-13 18:42:08 [scrapy.crawler] INFO: Overridden settings:
{'BOT_NAME': 'Tencent',
```

图 3–15　爬取数据

(2) 运行效果

在项目根目录下会创建“tencent.json”的数据文件，项目目录结构如图 3–16 所示。

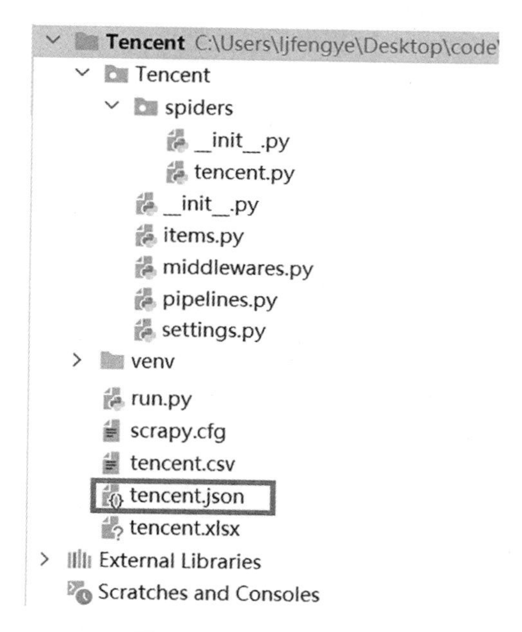

图 3–16　项目目录结构

双击打开“tencent.json”文件，查看爬取的数据（部分数据），如图 3–17 所示。

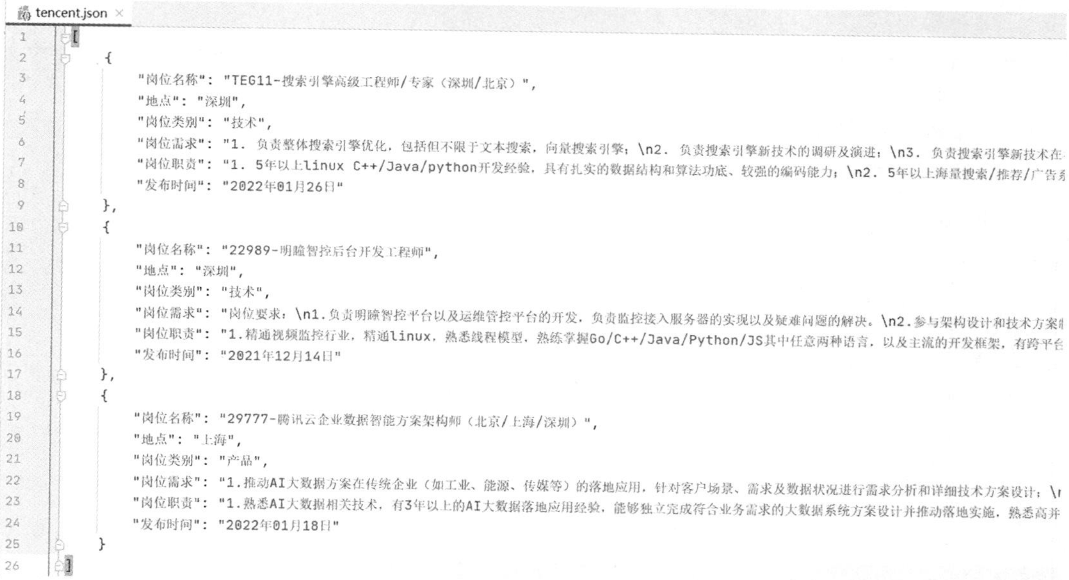

```
tencent.json
[
    {
        "岗位名称": "TEG11-搜索引擎高级工程师/专家（深圳/北京）",
        "地点": "深圳",
        "岗位类别": "技术",
        "岗位需求": "1. 负责整体搜索引擎优化，包括但不限于文本搜索，向量搜索引擎；\n2. 负责搜索引擎新技术的调研及演进；\n3. 负责搜索引擎新技术在
        "岗位职责": "1. 5年以上linux C++/Java/python开发经验，具有扎实的数据结构和算法功底、较强的编码能力；\n2. 5年以上海量搜索/推荐/广告系
        "发布时间": "2022年01月26日"
    },
    {
        "岗位名称": "22989-明瞳智控后台开发工程师",
        "地点": "深圳",
        "岗位类别": "技术",
        "岗位需求": "岗位要求：\n1.负责明瞳智控平台以及运维管控平台的开发，负责监控接入服务器的实现以及疑难问题的解决。\n2.参与架构设计和技术方案
        "岗位职责": "1.精通视频监控行业，精通linux，熟悉线程模型，熟练掌握Go/C++/Java/Python/JS其中任意两种语言，以及主流的开发框架，有跨平台
        "发布时间": "2021年12月14日"
    },
    {
        "岗位名称": "29777-腾讯云企业数据智能方案架构师（北京/上海/深圳）",
        "地点": "上海",
        "岗位类别": "产品",
        "岗位需求": "1.推动AI大数据方案在传统企业（如工业、能源、传媒等）的落地应用，针对客户场景、需求及数据状况进行需求分析和详细技术方案设计；\
        "岗位职责": "1.熟悉AI大数据相关技术，有3年以上的AI大数据落地应用经验，能够独立完成符合业务需求的大数据系统方案设计并推动落地实施，熟悉高并
        "发布时间": "2022年01月18日"
    }
]
```

图 3–17　爬取的部分数据

〖任务检测〗

一、填空题

1. Python 操作 JSON 文件的库是＿＿＿＿＿＿＿＿。

2. 将 Python 字典转换为 JSON 字符串的函数是__________________。
3. 将 JSON 字符串转换为 Python 字典的函数是__________________。
4. 从 JSON 文件中读数据的函数是__________________。
5. 往 JSON 文件中写入数据的函数是__________________。

二、实操题

1. 通过 JSON 库，创建“data.json”文件，将下列信息按照 JSON 数据规范写入到文件中。

学号	姓名	年龄	班级
1	张三	16	1 班
2	李四	17	1 班
3	王五	16	1 班

2. 通过 JSON 库，输出题 1 中“data.json”文件的数据。

〖任务评价〗

评价内容	识记	理解	应用	分析	评价	创造	问题
Scrapy 爬虫框架的熟练应用							
基于 JSON 库的 Python 和 JSON 数据转换							
基于 JSON 库的 JSON 文件的读和写							
教师诊断评语：							

任务四 读写关系数据库

〖任务描述〗

巨蟒公司最近接到一个学校社团业务，该社团要为毕业生提供全面的招聘信息服务。许多企业（如腾讯、京东等）在招聘网上提供了各种工作岗位信息，现需要巨蟒公司从网页上获取并汇总岗位数据（岗位名称、地点、岗位类别、岗位需求、岗位职责、发布时间等）并存储在 MySQL 数据库中。

〖知识准备〗

1. 认识关系型数据库 MySQL

MySQL 是一个关系型数据库管理系统，由瑞典 MySQL AB 公司开发，属于 Oracle 旗下产品。MySQL 是最流行的关系型数据库管理系统之一，在 Web 应用方面，MySQL 是最好的 RDBMS（Relational Database Management System，关系数据库管理系统）应用软件之一。

MySQL 是一种关系型数据库管理系统，它将数据保存在不同的表中，而不是将所有数据放在一个大仓库内，这样就增加了运行速度并提高了使用灵活性。

MySQL 所使用的 SQL 语言是用于访问数据库的最常用的标准化语言。MySQL 软件采用了双授权政策，分为社区版和商业版，由于其体积小、速度快、总体拥有成本低，尤其是开放源码这一特点，一般中小型网站的开发都选择 MySQL 作为网站数据库。

2. 使用 pymysql 库实现关系数据库操作

Python 里面的 pymysql 库对 MySQL 数据库可以进行 DDL、DML 语句的操作，分别为创建表、修改表、删除表和对表的数据进行增删改查等。

（1）DDL 操作

- 创建表

```
create tablet_student [ 表名 ] (
  sno int primary key auto_increment, # 主键，自增长
  sname varchar（30） not null,
  age int（2）,
  score f1oat（3, 1））
  [字段名][属性][可设置primary key主键][是否非空,默认可以空][default默认值][comment 备注名]
```

● 修改表结构

alter table [表名] modify [字段名] [新属性] # 修改原有属性

alter table [表名] change [老字段] [新字段] [数据类型] [属性] # 重命名字段

alter table [表名] add （column） [字段名] [数据类型] [列属佳] # 新增字段，括号内容可加可不加

alter table 表名 drop 字段名 # 删除字段

● 删除表

drop table [表名]

【示例】

```
# 导入 pymysq1
import pymysql
# 创建连接 参数分别是主机号，用户名，密码，数据库名字，端口号
con=pymysql.connect（host='localhost'，user='root'，password='123456'，
database='test'，port=3306）
# 创建游标对象
cur=con.cursor（）
# 编写创建表的 sql
sql="""
    create table t_student（
        sno int primary key auto_increment,
        sname varchar（30） not null,
        age int（2），
        score f1oat（3，1）
    ）
""" # 在此处修改
try:
    # 执行创建表的 sql
    cur.execute（sql）
    print（'创建表成功'）
except Exception as e:
    print（e）
print（'创建表失败'）
finally:
    # 关闭连接
    con.close（）
```

（2）DML 操作

● 添加数据（单条或多条）

SQL 语句格式

insert into［表名］（[字段名...]）values（[%s...]）

【示例】

```
# 导入模块
import pymysql
# 创建连接
con=pymysql.connect（host='1ocalhost'，password='123456'，user='root'，port=3306，
database='test'）
# 创建游标对象
cur=con.cursor（）
# 编写插入数据的 sql
sql='insert into t_student（sname，age，score）values（%s，%s，%s）'
try:
  # 执行 sql
  cur.executemany（sql，[（'张三'，19，99.8），（'李四'，18，99.9），（'王五'，
18，99.8）]）
  # 当然插入一条就不用列表的形式
  #cur.execute（sql1，（"张三'，18，99.9））  # 插入一条
  # 提交事务
  con.commit（）
  print（'插入成功'）
except Exception as e:
  print（e）
  con.rollback（）# 插入失败，事务回滚，一条 DML 指令不成功，全部都是默认失败
print（'插入失败'）
finally:
  # 关闭连接
  con.close（）
```

● 删除数据

SQL 语句格式

delete from［表名］where［条件］# 条件就是字段名符合指定的条件

【示例】

```
# 导入模块
import pymysql
# 创建连接
con=pymysql.connect（host='1oca1host'，password='123456'，user='root'，port=3306，database='test'）
# 创建游标对象
cur=con.cursor（）
# 编写的 sql
sql='delete from t_student where sname=%s'
# 执行 sq1 语句
try:
    cur.execute（sql，（'张三'）
    con.commit（）
    print（'删除成功'）
except Exception as e:
    print（e）
    con.rollback（）
    print（'删除失败'）
finally:
    # 关闭连接
    con.close（）
```

● 修改数据

SQL 语句格式

update ［表名］ set ［想要修改的字段及新值］ where ［符合修改的条件］

【示例】

```
# 导入模块
import pymysql
# 创连接
con=pymysql.connect（host='1oca1host'，database='test'，user='root'，password='123456'，port=3306）
# 创建游标对象
cur=con.cursor（）
# 编写修改的 sql
sql='update t_student set sname=%s where sno=%s'
```

```
# 执行 sql 语句
try:
    cur.execute（sql，（'张三'，1））# 按顺序设置对应的参数
    con.commit()
    print（'修改成功'）
except Exception as e:
    print（e）
    con.rollback（）
    print（'修改失败'）
finally:
    # 关闭连接
    con.close（）
```

● 查询数据

SQL 语句格式（部分形式）

select from t_student whereage=18 # 单表查询 获得所有表的字段属性

select sno，sname from t_student where age=18 # 单表查询 获得对应条件指定的字段属性

select [表 1].[字段名]，[表 2].[字段名] from [表 1]，[表 2] where [表 1].[字段名]=[表 2].[字段名] # 嵌套查询

【示例】

```
# 导入 pymysql
import pymysql
# 创建连接
con=pymysql.connect（host='localhost'，database='test'，user='root'，password='123456'，port=3306）
# 创建游标对象
cur=con.cursor（）
# 编写查询的 sql
sql='select * from t_student where age=18'
# 执行 sql
try:
    cur.execute（sql）
    # 处理结果集
    students=cur.fetchall（）# 查询获得所有符合条件的结果返回的是双重列表，一行数据一个列表
```

```
    # student=cur.fetchone ( ) # 查询获得单条查询结果，返回一个列表
    for student in students:
    sno=student[0]
    sname=student[1]
    age=student[2]
    score=student[3]
    print ( 'sno: ', sno, 'sname: ', sname, 'age: ', age, 'score: ', score )
except Exception as e:
    print ( e )
    print ( ' 查询所有数据失败 ' )
finally:
    # 关闭连接
    con.close ( )
```

〖任务分析〗

实现任务的方法与步骤：

方法一	方法二
搭建腾讯招聘 Scrapy 框架； 抓取数据包，分析页面结构，理清抓取思路和抓取策略； 在 items.py 里面定义要抓取的数据字段； 编写爬虫文件主体逻辑，实现数据的抓取； 修改 settings.py 文件； 编写管道文件 pipelines.py，将数据存入 MySQL 数据库的 tencent 表中	此处由教师或学生自己思考方法实现任务

〖任务实施〗

1. 搭建腾讯招聘 Scrapy 爬虫框架

在任务一创建的项目“Tencent”基础上实现。同时，在 MySQL 数据库中新建数据库“tencentdb”，并新建数据库表“tencent”，其表结构如图 3-18 所示。

2. 爬取数据，将数据存入 MySQL 数据库的 tencent 表中

在 items.py 里面定义要抓取的数据字段。

编写爬虫文件主体逻辑，实现数据的抓取。

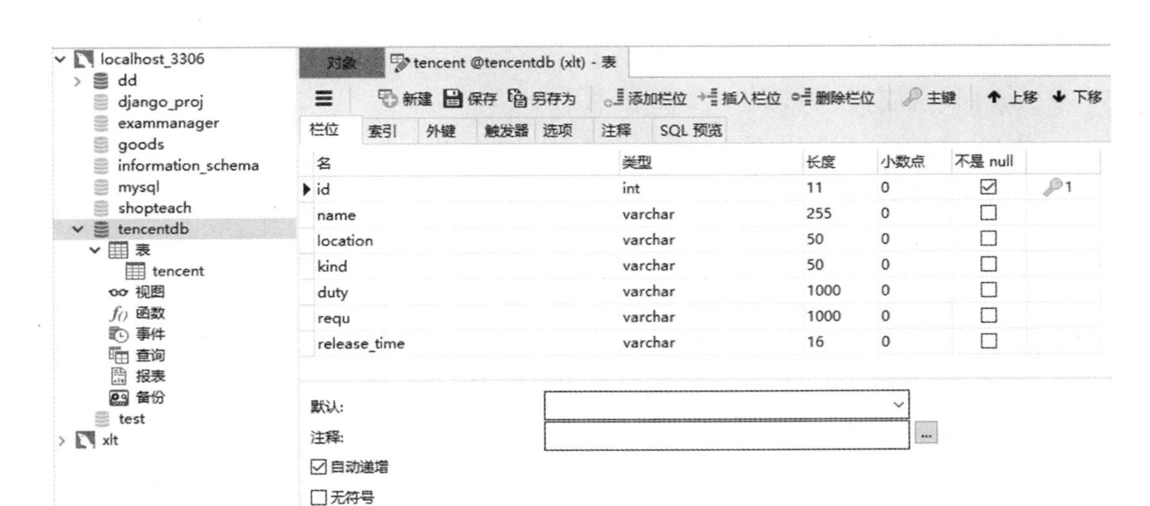

图 3–18 新建数据库表 tencent

无须改动，完成以下操作即可：

①修改 settings.py 文件。

settings.py：

```
BOT_NAME = 'Tencent'

SPIDER_MODULES = ['Tencent.spiders']
NEWSPIDER_MODULE = 'Tencent.spiders'

# Obey robots.txt rules
# 是否遵守 robots 协议，默认为 True，表示遵守，通常要改为 False
ROBOTSTXT_OBEY = False

# Configure maximum concurrent requests performed by Scrapy （default：16）
# 最大并发请求数量，默认是 16
CONCURRENT_REQUESTS = 1

# Configure a delay for requests for the same website （default：0）
# See https：//docs.scrapy.org/en/latest/topics/settings.html#download-delay
# See also autothrottle settings and docs
# 下载延迟
DOWNLOAD_DELAY = 2

# Override the default request headers：
DEFAULT_REQUEST_HEADERS = {
```

```
    'Accept': 'text/html, application/xhtml+xml, application/xml;q=0.9, */*;q=0.8',
    'Accept-Language': 'en',
    'User-Agent': 'Mozilla/5.0 (Windows NT 10.0; Win64; x64) AppleWebKit/537.36
(KHTML, like Gecko) Chrome/91.0.4472.77 Safari/537.36'
}

# Configure item pipelines
# See https://docs.scrapy.org/en/latest/topics/item-pipeline.html
# 管道，300表示优先级，数字越小，优先级越高
ITEM_PIPELINES = {
    'Tencent.pipelines.TencentPipeline': 300,
    'Tencent.pipelines.TencentMysqlPipeline': 200
}
```

②修改管道文件“pipelines.py”，将数据存入数据库 MySQL 的 tencent 表中。在原代码的基础上，增加如下导包和代码。

- 导包

```
import pymysql
```

- 增加数据存入 MySQL 数据库的实现代码

```
pipelines.py
# 爬取数据存入数据库 MySQL 中
class TencentMysqlPipeline:
    def open_spider(self, spider):
        """爬虫开启时执行一次，可以用来连接数据库"""
        print("爬虫开始执行")
        # 连接数据库得到一个 db 对象
        #self.db = pymysql.connect(host='localhost', user='root', password='123456',
                          #database='tencentdb', port=3306, charset='utf8')
        self.db = pymysql.connect(host='47.108.221.38', user='root', password=
'xlt0120@', database='tencentdb', port=3306, charset='utf8')
        # 创建游标对象，用于执行 mysql 语句
        self.cursor = self.db.cursor()

    # 处理数据的逻辑
    def process_item(self, item, spider):
        # 进行数据插入操作
        sql_insert = "insert into tencent(name, location, kind, duty, requ, release_
time) values(%s, %s, %s, %s, %s, %s)"
```

```
        data = [item['name'],
                item['location'],
                item['kind'],
                item['duty'],
                item['requ'],
                item['release_time']]
        self.cursor.execute（sql_insert，data）
        self.db.commit（）
        return item

    def close_spider（self，spider）：
        self.cursor.close（）
        self.db.close（）
        print（"退出爬虫"）
```

3. 程序运行及效果

（1）程序运行

鼠标右键单击“run.py”，选择“Run‘run’”运行程序，如图 3–19 所示。

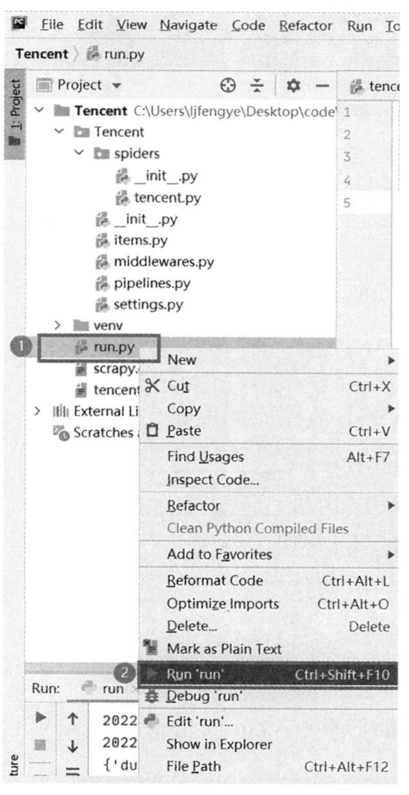

图 3–19　运行程序

在运行窗口中输入要爬取的岗位后，开始爬取数据，如图 3-20 所示。

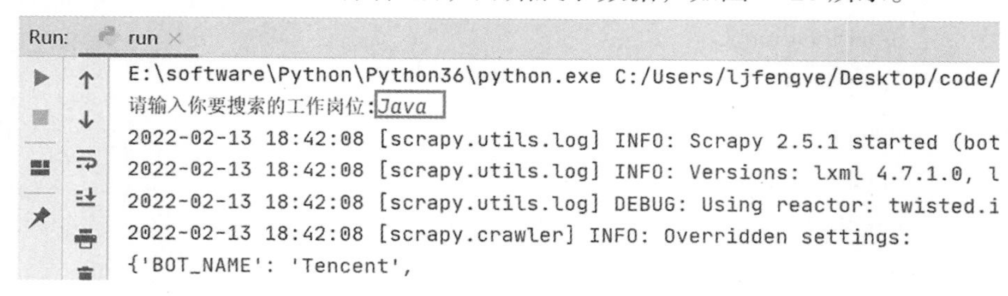

图 3-20　爬取数据

（2）运行效果

双击打开 MySQL 数据库 tencentdb 中的 tencent 数据表，查看爬取的数据（部分数据），如图 3-21 所示。

id	name	location	kind	duty	requ	release_time
15	18425-Foreign Exchange	新加坡	技术	Join a lean and focused t	BS/MS in Computer Scien	2022年02月15日
16	Principal Engineer and Te	帕罗奥多	技术	Position Overview:Tencen	Who we are looking for:	2022年02月11日
17	22989-明瞳智控后台开发工	深圳	技术	岗位要求：1.负责明瞳智控	1.精通视频监控行业，精通	2021年12月14日
18	23295-IEG增长中台电竞生	深圳	技术	1、负责腾讯游戏电竞中台的	1、5年以上工作经验，3年以	2022年01月29日
19	29777-腾讯云企业数据智能	上海	产品	1.推动AI大数据方案在传统	1.熟悉AI大数据相关技术，	2022年01月18日
20	29777-腾讯云企业数据智能	深圳	产品	1.推动AI大数据方案在传统	1.熟悉AI大数据相关技术，	2022年01月18日
21	29777-腾讯云企业数据智能	北京	产品	1.推动AI大数据方案在传统	1.熟悉AI大数据相关技术，	2022年01月18日
22	22989-至信链后台研发工程	北京	技术	负责至信链后端开发工作，	1.计算机、软件工程、信息	2021年12月17日
23	22989-至信链后台研发工程	深圳	技术	负责至信链后端开发工作，	1.计算机、软件工程、信息	2021年12月17日
24	TEG14-研发效能高级开发工	北京	技术	负责公司级研发及运营平台	熟悉Linux操作系统、Bash，	2022年02月15日
25	TEG14-研发效能高级开发工	上海	技术	负责公司级研发及运营平台	熟悉Linux操作系统、Bash，	2022年02月15日

图 3-21　查看爬取的部分数据

〖任务检测〗

一、填空题

1. Python 中连接操作 MySQL 数据库的库是 ________。
2. SQL 语句中插入数据的语句是 ________。
3. SQL 语句中删除数据的语句是 ________。
4. SQL 语句中修改数据的语句是 ________。
5. SQL 语句中查询数据的语句是 ________。

二、实操题

1. 通过 PyMySQL 库连接操作 MySQL 数据库 datadb，将下列信息插入到数据库表 student 中（数据库表字段自定义）。

学号	姓名	年龄	班级
1	张三	16	1 班
2	李四	17	1 班
3	王五	16	1 班

2. 查询并输出数据库表 student 中的数据。

〖任务评价〗

评价内容	识记	理解	应用	分析	评价	创造	问题
Scrapy 爬虫框架的熟练应用							
熟悉运用 PyMySQL 库连接操作 MySQL 数据库							
熟练运用 SQL 语句							
教师诊断评语：							

项目四 清洗处理数据

通过爬虫技术可以从网络上爬取海量的数据，但需要对重复、多余的数据进行筛选清除，将缺失的数据补充完整，把错误的数据纠正或者去除等，才能对整理后的数据进一步加工。使用 chardet 库可以处理编码，使用 pandas 库可以处理重复值、缺失值、异常值等数据问题。

完成本项目需要具备的知识和能力：

- ◆ 解决编码问题
- ◆ 处理异常值、缺失值、重复值
- ◆ 处理数据格式

任务一 解决编码问题

〖任务描述〗

某某学院提供了一份考题，这份考题提前请了专业的技术人员对其进行编码加密，但在对其解码过程中出现了一些错误，导致无法获取正确的题目。所以，学院特请到巨蟒公司的技术人员帮忙解码，获取考题内容。

考题编码后的内容：b'\xe4\xb8\xad\xe5\x8d\x8e\xe6\xb0\x91\xe6\x97\x8f\xe7\x9a\x84\xe6\xa0\xb8\xe5\xbf\x83\xe7\xb2\xbe\xe7\xa5\x9e\xe6\x98\xaf\xef\xbc\x88 \xef\xbc\x89'

解码后出现了错误：

Traceback （most recent call last）:

File "C:\Users\Administrator\PycharmProjects\ 编码解码 .py"，line 3，in <module>

f1=f.decode（encoding="cp936"，errors="strict"）

UnicodeDecodeError: 'gbk' codec can't decode byte 0xad in position 2: illegal multibyte sequence

〖知识准备〗

1. 认识编码

计算机的硬件决定了数据在计算机中只能以二进制形式存储。由于二进制不便于人们阅读使用，所以就将数字、字母、符号等进行编码转换为计算机能识别的二进制数字。为了让所有的编码有统一的标准，就产生了 ASCII 码表。ASCII 编码可以表示 127 个字符，包括大小写英文字母、数字和一些符号。

随着计算机技术的发展，计算机中的编码有了越来越多的标准，如 ISO-8859-1、GB2312 编码等。不同标准的编码之间不可避免地出现了冲突，为了解决这一问题，Unicode 把所有语言都统一为一套编码。Unicode 用两个字节表示一个字符。另外，针对空间浪费问题，Unicode 将编码转化为可变长短的 UTF-8 编码。

GBK 国家标准在 GB2312 基础上扩容后兼容 GB2312 的标准编码，它包含所有的中文字符。

在计算机中，一般统一使用 Unicode 编码，当需要保存到硬盘或者进行传输时，就需要将其转换为 UTF-8 编码。

2. 使用 decode（）和 encode（）函数实现解码与编码（图 4-1）

（1）encode（）函数

encode（）函数可以将 Unicode 编码的 str 类型编码为指定类型的 bytes（utf-8、

ascii...）字节流。encode（ ）函数的语法格式为：

str.encode（encoding='UTF-8'，errors='strict'）

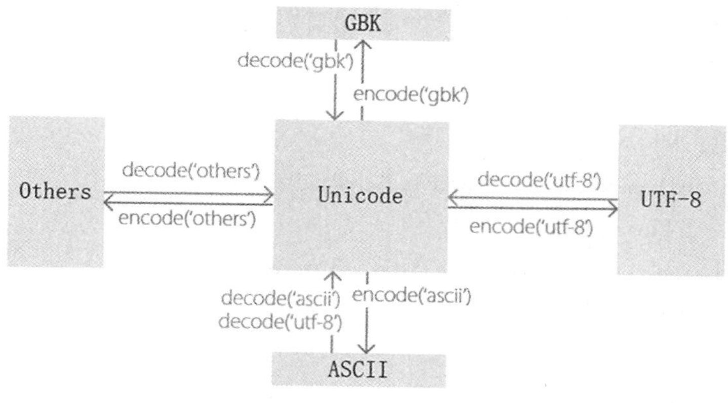

图 4-1 解码与编码过程

【示例】

```
str1 = " 什么是大数据 "
str2 = "I love bigData"
# 等价于 print（"utf8 编码："，str1.encode（"utf8"））
a=str1.encode（encoding="utf8"，errors="strict"）
print（"utf8 编码："，a）
b=str2.encode（encoding="utf8"，errors="strict"）
print（"utf8 编码："，b）
## 以 gb2312 编码格式对 str1 进行编码，获得 bytes 类型对象的 str
c=str1.encode（encoding="gb2312"，errors="strict"）
print（"gb2312 编码："，c）
d=str2.encode（encoding="gb2312"，errors="strict"）
print（"gb2312 编码 :"，d）
e=str1.encode（encoding="cp936"，errors="strict"）
print（"cp936 编码 :"，e）
f=str2.encode（encoding="cp936"，errors="strict"）
print（"cp936 编码："，f）
g=str1.encode（encoding="gbk"，errors="strict"）
print（"gbk 编码："，g）
q=str2 .encode（encoding="gbk"，errors="strict"）
print（"gbk 编码："，q）
```

运行结果

utf8 编码：

b'\xe4\xbb\x80\xe4\xb9\x88\xe6\x98\xaf\xe5\xa4\xa7\xe6\x95\xb0\xe6\x8d\xae'

utf8 编码 :b'I love bigData'

gb2312 编码：b'\xca\xb2\xc3\xb4\xca\xc7\xb4\xf3\xca\xfd\xbe\xdd'

gb2312 编码：b'I love bigData'

cp936 编码：b1\xca\xb2\xc3\xb4\xca\xc7\xb4\xf3\xca\xfd\xbe\xdd'

cp936 编码：b'I love bigData'

gbk 编码：b'\xca\xb2\xc3\xb4\xca\xc7\xb4\xf3\xca\xfd\xbe\xdd'

gbk 编码：b'I love bigData'

（2）decode（）函数

decode（）函数可以将（utf-8、ascii…）bytes 字节流解码为 unicode 编码的 str。decode（）函数的语法格式为：

str.decode（encoding='UTF-8'，errors='strict'）

【示例】

```
a1=a.decode（encoding="utf8"，errors="strict"）
print（"utf8 解码："，a1）
b1=b.decode（encoding="utf8"，errors="strict"）
print（"utf8 解码："，b1）
c1=c.decode（encoding="gb2312"，errors="strict"）
print（"gb2312 解码 :"，c1）
d1=d.decode（encoding="gb2312"，errors="strict"）
print（"gb2312 解码 :"，d1）
e1=e.decode（encoding="cp936"，errors="strict"）
print（"cp936 解码 :"，e1）
f1=f.decode（encoding="cp936"，errors="strict"）
print（"cp936 解码 :"，f1）
g1=g.decode（encoding="gbk"，errors="strict"）
print（"gbk 解码："，g1）
q1=q.decode（encoding="gbk"，errors="strict"）
print（"gbk 解码："，q1）
```

运行结果

utf8 解码：什么是大数据

utf8 解码：I love bigData

gb2312 编码：什么是大数据

gb2312 编码：I love bigData
cp936 编码：什么是大数据
cp936 编码：I love bigData
gbk 编码：什么是大数据
gbk 编码：I love bigData
注意：

encoding 参数可选，即要使用的编码，默认编码为 'utf-8'。字符串编码常用类型有：utf-8，gb2312，cp936，gbk 等。

errors 参数可选，设置不同错误的处理方案。默认为 'strict'，意为编码错误引起一个 UnicodeEncodeError。

3. 使用 chardet 模块处理编码

chardet 模块提供自动检测字符编码的功能。在处理一些不规范的网页时，虽然 Python 提供了 Unicode 表示的 str 和 bytes 两种数据类型，并且可以通过 encode（）和 decode（）方法进行转换。但是在不知道编码的情况下，对 bytes 使用 decode（）函数容易导致失败。对于未知编码的 bytes，要把它转换成 str，那么就需要先“猜测”编码。猜测的方式是先收集各种编码的特征字符，再根据特征字符进行判断，就能有很大概率“猜对”。因此，可以使用 chardet 库来检查编码，它能够检测出各种编码的类型。

安装 chardet，使用“pip install chardet”命令。

【示例】

```
import chardet
exa='我要学好大数据'.encode（'GBK'）
print（chardet.detect（exa））
```

运行结果

```
{'encoding': 'GB2312', 'confidence': 0.99, 'language': 'Chinese'}
```

【示例】

```
import chardet
msg = 'uviunviuaomYviifi^njj^anAiraija'.encode（'UTF-8'）
print（chardet.detect（msg））
```

运行结果

```
{'encoding' : 'ascii', 'confidence' : 0.99, 'language' : ''}
```

注意：

encoding：表示字符编码方式。

confidence：表示可信度。

language：语言。

检测到的编码是 GB2321，relax，GBK 是 GB2312 的超集，它们属于同一种编码。

〖任务分析〗

实现任务的方法与步骤：

方法一	方法二
引入 chardet 模块； 设置变量 f 存放加密数据； 使用 chardet.detect（f）['encoding'] 获取编码； 使用函数 decode（encoding="utf8"，errors="strict"）实现解码； 打印解码后的考题	此处由教师或学生自己思考方法实现任务

〖任务实施〗

① import chardet

② f=b'\xe4\xb8\xad\xe5\x8d\x8e\xe6\xb0\x91\xe6\x97\x8f\xe7\x9a\x84\xe6\xa0\xb8\xe5\xbf\x83\xe7\xb2\xbe\xe7\xa5\x9e\xe6\x98\xaf\xef\xbc\x88\xef\xbc\x89'

③ print（chardet.detect（f）['encoding']）

④ f1=f.decode（encoding="utf8"，errors="strict"）

⑤ print（f1）

运行结果：

utf-8

中华民族的核心精神是（　　）

总结：编码和解码所用的编码必须一致。也就是说，用 gbk 编码，必须用 gbk 解码；用 utf-8 编码，必须用 utf-8 解码。之前在解码的过程中因为编码不一致导致了错误。

〖任务检测〗

实操题

将以下内容采用 utf-8 进行先编码再解码。

《从军行》唐・王昌龄

青海长云暗雪山，孤城遥望玉门关。

黄沙百战穿金甲，不破楼兰终不还。

〖任务评价〗

评价内容	识记	理解	应用	分析	评价	创造	问题
编码							
decode（）和 encode（）函数							
chardet 模块处理编码							
选择结构							
循环结构							
函数的定义与使用							
教师诊断评语：							

任务二　处理异常值、缺失值、重复值

〖任务描述〗

爱购物网站提供了一组本年5月迷你风扇在各城市的销售量、销售额、累计评论数、累计销售人次等数据，这组数据中出现了重复值与缺失值，需要巨蟒公司的技术人员帮忙去除重复值与缺失值。

〖知识准备〗

1. 使用 pandas 库处理重复值、缺失值、异常值

pandas 库可以对数据进行导入、清洗、处理、统计和输出。Pandas 是 Python 语言的一个扩展程序库，可以使用“pip install pandas”命令进行安装。

（1）处理重复值

● duplicated（）方法

在处理重复数据时，duplicated（）返回“True”表示数据重复，返回“False”表示数据不重复。

```
import pandas as pd
data={
  'classname': ['zhang', 'li', 'wang', 'zhang', 'he', 'jiang'],
  'sex': ['y', 'x', 'x', 'y', 'x', 'y']
}
df=pd.DataFrame(data)
print(df.duplicated())
```

运行结果：

```
0  False
1  False
2  False
3  True
4  False
5  False
dtype: bool
```

● drop_duplicates（）方法

使用 drop_duplicates（）方法可以删除重复数据。

```
df=df.drop_duplicates()
print(df)
```

运行结果：

```
  classname sex
0   zhang    y
1     li     x
2   wang     x
4     he     x
5   jiang    y
```

（2）处理缺失值

缺失值是在数据清洗过程中常出现的问题，缺失值一般由 NA 表示，如图 4-2 所示。

	A	B	C	D
1	学号	姓名	年龄	成绩
2	1001	托尼	13	61
3	1002	加尔	10	
4	1003	赵四	11	20
5	1004	张三	13	
6		加尔	15	98
7	1006	赵四	11	20
8	1007	托尼	13	61

图 4-2 出现缺失值

● isnull（）方法

使用 isnull（）方法可以判断各个单元格是否为空，如果为空，返回“True”，否则返回“False”。

```
import pandas as pd
df=pd.read_csv('score.csv', encoding='utf-8')
print(df['成绩'])
print(df['成绩'].isnull())
```

运行结果：

```
0   61.0
1   NaN
2   20.0
3   NaN
4   98.0
5   20.0
6   61.0
Name: 成绩, dtype: float64
0   False
1   True
```

```
2    False
3    True
4    False
5    False
6    False
Name：成绩，dtype：bool
```

• dropna（）方法

使用 dropna（）方法可以删除包含空数据的行，该方法返回一个新的 DataFrame，并且不会修改源数据。

```
import pandas as pd
df=pd.read_csv（'score.csv'，encoding=' utf-8'）
print（df.dropna（））
print（df）
```

运行结果：

```
       学号    姓名   年龄   成绩
0   1001.0   托尼   13    61.0
2   1003.0   赵四   11    20.0
5   1006.0   赵四   11    20.0
6   1007.0   托尼   13    61.0
       学号    姓名   年龄   成绩
0   1001.0   托尼   13    61.0
1   1002.0   加尔   10     NaN
2   1003.0   赵四   11    20.0
3   1004.0   张三   13     NaN
4     NaN    加尔   15    98.0
5   1006.0   赵四   11    20.0
6   1007.0   托尼   13    61.0
```

添加参数 inplace = True，可以修改源数据。

添加参数 subset=[‘ ’]，可以删除指定列有空值的行

• fillna（）方法

使用 fillna（）方法可以替换一些空字段，它可以指定某一个列来替换数据。

```
import pandas as pd
df=pd.read_csv（'score.csv'，encoding='utf-8'）
print（df）
df[' 学号 '].fillna（1005，inplace=True）
print（df）
```

运行结果：

```
    学号     姓名   年龄   成绩
0   1001.0  托尼   13    61.0
1   1002.0  加尔   10     NaN
2   1003.0  赵四   11    20.0
3   1004.0  张三   13     NaN
4    NaN    加尔   15    98.0
5   1006.0  赵四   11    20.0
6   1007.0  托尼   13    61.0
    学号     姓名   年龄   成绩
0   1001.0  托尼   13    61.0
1   1002.0  加尔   10     NaN
2   1003.0  赵四   11    20.0
3   1004.0  张三   13     NaN
4   1005.0  加尔   15    98.0
5   1006.0  赵四   11    20.0
6   1007.0  托尼   13    61.0
```

● mean（ ）方法

使用 mean（ ）方法可以计算列的均值（所有值加起来的平均值），使用 median（ ）方法可以计算中位数值（排序后排在中间的数），使用 mode（ ）方法可以计算众数（出现频率最高的数）。

```
import pandas as pd
df=pd.read_csv（'score.csv'，encoding='utf-8'）
# 输出原始数据
print（df）
# 使用 mean 方法获得平均值
avg=df['成绩'].mean（ ）
print（avg）
# 使用平均值替换成绩里面的空值
df['成绩'].fillna（avg，inplace=True）
# 输出补充后的成绩
print（df）
```

运行结果：

```
    学号     姓名   年龄   成绩
0   1001.0  托尼   13    61.0
1   1002.0  加尔   10     NaN
2   1003.0  赵四   11    20.0
```

```
3   1004.0  张三   13    NaN
4     NaN   加尔   15   98.0
5   1006.0  赵四   11   20.0
6   1007.0  托尼   13   61.0
52.0
      学号    姓名   年龄   成绩
0   1001.0  托尼   13   61.0
1   1002.0  加尔   10   52.0
2   1003.0  赵四   11   20.0
3   1004.0  张三   13   52.0
4     NaN   加尔   15   98.0
5   1006.0  赵四   11   20.0
6   1007.0  托尼   13   61.0
```

（3）异常值处理

数据中有一个或几个数值与其他数值相比差异较大，出现了数据错误。这时，可以对错误的数据进行替换或删除。

替换错误的数据，如图 4–3 所示。

	A	B	C	D
1	学号	姓名	年龄	成绩
2	1001	托尼	13	61
3	1002	加尔	10	-10
4	1003	赵四	11	20
5	1004	张三	13	102
6	1005	加尔	15	98
7	106	赵四	11	76
8	1007	托尼	13	61

图 4–3　出现异常值

```
#coding=gbk
import pandas as pd
df=pd.read_csv（'score1.csv'，encoding='gbk'）
print（df）
df.loc[5，'学号']=1006
print（df）
```

运行结果：

```
   学号   姓名  年龄  成绩
0  1001  托尼  13   61
1  1002  加尔  10   -10
2  1003  赵四  11   20
3  1004  张三  13   102
4  1005  加尔  15   98
5   106  赵四  11   76
6  1007  托尼  13   61
   学号   姓名  年龄  成绩
0  1001  托尼  13   61
1  1002  加尔  10   -10
2  1003  赵四  11   20
3  1004  张三  13   102
4  1005  加尔  15   98
5  1006  赵四  11   76
6  1007  托尼  13   61
```

删除错误的值，例子如下。

```
#coding=gbk
import   pandas as pd
df=pd.read_csv（'score1.csv'，encoding='gbk'）
print（df）
df.loc[5，' 学号 ']=1006
for i in df.index：
    if df.loc[i，' 成绩 ']>100：
        df.loc[i，' 成绩 ']=100
    if df.loc[i，' 成绩 ']<0：
        df.drop（i，inplace=True）
print（df）
```

运行结果：

```
   学号   姓名  年龄  成绩
0  1001  托尼  13   61
1  1002  加尔  10   -10
2  1003  赵四  11   20
3  1004  张三  13   102
4  1005  加尔  15   98
5   106  赵四  11   76
```

```
6   1007   托尼   13   61
    学号   姓名   年龄   成绩
0   1001   托尼   13   61
2   1003   赵四   11   20
3   1004   张三   13   100
4   1005   加尔   15   98
5   1006   赵四   11   76
6   1007   托尼   13   61
```

2. 使用字符串内置函数处理数据

使用 str.split（）方法可以对字符串进行拆分。

使用 str.strip（）、str.lstrip（）、str.rstrip（）等方法可以删除前后的空白字符。

使用 str.replace（）方法可以对字符串进行替换处理。

使用 str.len（）方法可以计算字符串的长度。

使用 str.contains（）方法可以判断字符串中是否包含表达式。

其他方法：

```
data1 = {'Name': ['Tom', 'Alean', 'Bob', 'Amy'], 'Age': [25, 34, 29, 40],
'id': ['a1', 'b2', 'c3' , 'b4'], 'position':
['STAFF', 'MANAGER', ' CEO', 'CHAIRMAN']}
test1 = pd.DataFrame（data1）
print（test8）
print（test1['id'].str.isalnum（））#是否全部是数字和字母组成
print（test1['id'].str.isalpha（））#是否全部是字母
print（test1['id'].str.isspace（））#是否存在空格
print（test1['Name'].str.islower（））#是否全部小写
print（test1['position'].str.isupper（））#是否全部大写
print（test1['Name'].str.istitle（））#是否只有首字母为大写，其他字母为小写
```

〖任务分析〗

实现任务的方法与步骤：

方法一	方法二
引入 pandas 模块； 查看重复值的同时删除重复值； 查找及删除缺失值； 将删除重复值与缺失值后的数据存储到名为 new.xlsx 的文件中	此处由教师或学生自己思考方法实现任务

〖任务实施〗

导入模块，读取数据。

```
import pandas as pd
test1 = pd.read_excel（'4-2 源文件 .xlsx'）
```

使用 duplicated（）方法确定是否有重复值。

```
print（test1.duplicated（）.value_counts（））
```

使用 drop_duplicates（）方法对某几列的重复值进行删除。

```
test2=test1.drop_duplicates(subset=[" 累计评论数 "，" 累计销售人次 "，" 店铺评分 "，" 本月销量 "，" 本月销售额 "]，keep="first"，inplace=False)
print（test2.duplicated（）.value_counts（））
```

运行结果：

```
False   482
True    17
dtype：int64
False   464
dtype：int64
```

使用isnull( )方法检查是否有缺失值，如果有缺失值返回“True”，否则返回“False”。

```
print（test2.isnull（））
```

使用 dropna（）方法删除缺失值，默认状态下“axis=0，inplace=False”。其中，axis 参数可以确定是删除行还是删除列（“axis=0”表示删除行，“axis=1”表示删除列）。

```
print（test2.dropna（axis=0））
print（test2.dropna（axis=1））
```

运行结果：

	累计评论数	累计销售人次	店铺评分	本月销量	本月销售额	城市
0	False	False	True	False	False	False
1	False	False	True	False	False	False
2	False	False	False	False	False	False
3	False	False	False	False	False	False
4	False	False	False	False	False	False
..	...	...	...	...	...	...
494	False	False	False	False	False	False
495	False	False	False	False	False	False
496	False	False	False	False	False	False
497	False	False	True	False	False	False
498	False	False	False	False	False	False

[464 rows x 6 columns]

	累计评论数	累计销售人次	店铺评分	本月销量	本月销售额	城市
2	10836	4777.0	4.4	122	12319.94	菏泽
3	102	339.0	5	9	105.79	泰安
4	248	113.0	4.9	3	184.76	威海
5	495	1209.0	5	10	114.23	青岛
7	3080	1217.0	5	31	939.09	潍坊
..	...	...	...	...	...	..
493	40	43.0	5	6	78.15	威海
494	80	2900.0	4.4	1	13.81	潍坊
495	704	281.0	4.9	7	83.81	临沂
496	224	424.0	4.7	11	477.91	济南
498	35	2900.0	4.3	0	1.24	烟台

[405 rows x 6 columns]

保存为新的 xlsx 文件

```
from openpyxl    import Workbook
from openpyxl.utils.dataframe import dataframe_to_rows
test3=test2.dropna（axis=0）
wb=Workbook（）
ws=wb.active
ws.title='new'
for x in dataframe_to_rows（test3）：
   ws.append（x）
wb.save（'new.xlsx'）
```

完整代码：

```
import pandas as pd
from openpyxl          import Workbook
from openpyxl.utils.dataframe import dataframe_to_rows
test1 = pd.read_excel（'4-2 源文件 .xlsx'）
test2=test1.drop_duplicates（subset=[" 累计评论数 "，" 累计销售人次 "，" 店铺评分 "，
" 本月销量 "，" 本月销售额 "]，keep="first"，inplace=False）
test3=test2.dropna（axis=0）
wb=Workbook（）
ws=wb.active
ws.title='new'
```

```
for x in dataframe_to_rows（test3）:
    ws.append（x）
wb.save（'new.xlsx'）
```

〖任务检测〗

实操题

1. 根据提供的源文件 4-2test1.xlsx，用固定值插补处理缺失值。
2. 根据提供的源文件 4-2test1.xlsx，用均值插补处理缺失值。

〖任务评价〗

评价内容	识记	理解	应用	分析	评价	创造	问题
处理重复值							
处理缺失值							
处理异常值							
字符串内置函数							
教师诊断评语：							

任务三　处理数据格式

〖任务描述〗

爱购物网站提供了一组包含 10 个城市在某个时间段内的销售数量和销售额数据。在分析数据的过程中，发现 date、timestamp、sale 等数据格式不便于后期分析处理，需要巨蟒公司技术人员对数据格式进行处理。

〖知识准备〗

1. 日期格式处理

日期（如 2020 年 10 月 5 日）可以有很多种格式，如图 4-4、图 4-5 所示。处理数据时，通常需要先将日期的格式统一才能进行后续的工作。使用 to_datetime（）、to_datetime 方法可以解析多种不同的日期表示形式，其中，使用 to_datetime（）方法可以将格式转换为统一的日期格式。

'2020-10-05'
'Oct 5, 2020'
'10/05/2020'
'2020.10.05'
'2020/10/05'
2020年10月5日
多种写法的时间格式

图 4-4　多种日期格式

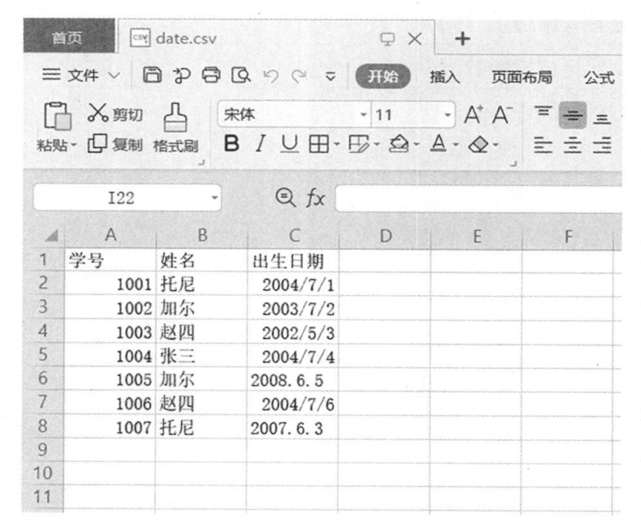

	A	B	C	D	E	F
1	学号	姓名	出生日期			
2	1001	托尼	2004/7/1			
3	1002	加尔	2003/7/2			
4	1003	赵四	2002/5/3			
5	1004	张三	2004/7/4			
6	1005	加尔	2008.6.5			
7	1006	赵四	2004/7/6			
8	1007	托尼	2007.6.3			
9						
10						
11						

图 4-5　出现多种日期格式

【示例】

```
#coding=gbk
import pandas as pd
df=pd.read_csv（'date.csv'，encoding='gbk'）
print（df）
```

```
df[' 出生日期 ']=pd.to_datetime（df[' 出生日期 ']）
print（df）
```

运行结果：

```
   学号   姓名   出生日期
0  1001  托尼   2004/7/1
1  1002  加尔   2003/7/2
2  1003  赵四   2002/5/3
3  1004  张三   2004/7/4
4  1005  加尔   2008.6.5
5  1006  赵四   2004/7/4
6  1007  托尼   2007.6.3
   学号   姓名   出生日期
0  1001  托尼   2004-07-01
1  1002  加尔   2003-07-02
2  1003  赵四   2002-05-03
3  1004  张三   2004-07-04
4  1005  加尔   2008-06-05
5  1006  赵四   2004-07-04
6  1007  托尼   2007-06-03
```

2. 数值格式处理

Python3 中有 6 个标准的数据类型：Number（数字）、String（字符串）、List（列表）、Tuple（元组）、Set（集合）、Dictionary（字典）。其中的函数及其描述见表 4–1。

表 4–1 函数及其描述

函数	描述
int（x[，base]）	将 x 转换为一个整数
float（x）	将 x 转换为一个浮点数
complex（real[，imag]）	创建一个复数
str（x）	将对象 x 转换为字符串
repr（x）	将对象 x 转换为表达式字符串
eval（str）	用来计算在字符串中的有效 Python 表达式，并返回一个对象
tuple（s）	将序列 s 转换为一个元组
list（s）	将序列 s 转换为一个列表
set（s）	将 s 转换为可变集合

续表

函数	描述
dict（d）	创建一个字典，d 必须是一个（key，value）元组序列
frozenset（s）	转换为不可变集合
chr（x）	将一个整数转换为一个字符
ord（x）	将一个字符转换为它的整数值
hex（x）	将一个整数转换为一个十六进制字符串
oct（x）	将一个整数转换为一个八进制字符串
type（）	查询变量所指的对象类型

〖任务分析〗

实现任务的方法与步骤：

方法一	方法二
引入模块； 读取数据，查看日期类型； 使用 to_datetime 方法转换格式； 将数据中 time_stamp 列的时间戳转换为日期格式； 使用 astype（）方法将列 sale 的数据转化为整数 int64 类型； 使用 tolist（）方法把 np.ndarray（）转为 list	此处由教师或学生自己思考方法实现任务

〖任务实施〗

引入模块。

```
import pandas as pd
import numpy as np
```

读取数据，查看日期类型。

```
test1=pd.read_excel（'4-3 源文件 .xlsx'）
print（test1.info（））
```

运行结果：

```
<class 'pandas.core.frame.DataFrame'>
RangeIndex：10 entries，0 to 9
Data columns （total 5 columns）：
```

```
#    Column       Non-Null Count    Dtype
---  ------       --------------    -----
0    date         10 non-null       object
1    timestamp    10 non-null       int64
2    salecount    10 non-null       int64
3    sale         10 non-null       float64
4    city         10 non-null       object
dtypes: float64(1), int64(2), object(2)
memory usage: 528.0+ bytes
None
```

使用 to_datetime 方法转换格式。

方法 1：

```
test1['date']=pd.to_datetime(test1['date'])
```

方法 2：

```
test1['date']=pd.to_datetime(test1['date'], format='%Y-%m-%d')
print(test1.info())
```

运行结果：

```
<class 'pandas.core.frame.DataFrame'>
RangeIndex: 10 entries, 0 to 9
Data columns (total 5 columns):
#    Column       Non-Null Count    Dtype
---  ------       --------------    -----
0    date         10 non-null       datetime64[ns]
1    timestamp    10 non-null       int64
2    salecount    10 non-null       int64
3    sale         10 non-null       float64
4    city         10 non-null       object
dtypes: datetime64[ns](1), float64(1), int64(2), object(1)
memory usage: 528.0+ bytes
None
```

将数据中 time_stamp 列的时间戳转换为日期格式。

```
test1['timestamp']=pd.to_datetime(test1['timestamp'], unit='s')
print(test1)
      date          timestamp           salecount    sale       city
0     2018-03-10    1970-01-09 21:08:20    22        929.06     日照
1     2019-02-18    1970-01-10 03:31:33    16        1290.33    德州
2     2019-03-19    1970-01-06 10:15:01    122       12319.94   菏泽
```

```
3    2019-02-20    1970-01-11    10:15:04    9     105.79    泰安
4    2019-02-21    1970-01-09    20:44:59    3     184.76    威海
5    2019-02-22    1970-01-10    08:55:07    10    114.23    青岛
6    2019-02-23    1970-01-11    01:21:00    1     42.06     德州
7    2019-02-24    1970-01-12    13:09:17    31    939.09    潍坊
8    2019-02-25    1970-01-04    09:23:16    1     7.98      济南
9    2019-02-26    1970-01-10    08:28:04    37    348.35    济宁
```

使用 astype（）方法将列 sale 的数据转化为整数（int64）类型。

```
test1["sale"] = test1["sale"].astype("int64")
print(test1.info())
```

运行结果：

```
<class 'pandas.core.frame.DataFrame'>
RangeIndex: 10 entries, 0 to 9
Data columns (total 5 columns):
#     Column       Non-Null Count    Dtype
---   ------       --------------    -----
 0    date         10 non-null       object
 1    timestamp    10 non-null       int64
 2    salecount    10 non-null       int64
 3    sale         10 non-null       int64
 4    city         10 non-null       object
dtypes: int64(3), object(2)
memory usage: 528.0+ bytes
None
```

使用 tolist（）方法把 np.ndarray（）转为 list。

```
data1_arrary=np.array(test1['sale'])
data1_list=data1_arrary.tolist()
print(type(test1))
print(type(data1_list))
```

运行结果：

```
<class 'pandas.core.frame.DataFrame'>
<class 'list'>
```

完整程序：

```
import pandas as pd
import numpy as np
test1=pd.read_excel('4-3 源文件 .xlsx')
# 转换前的数据格式以及数据内容
print(test1.info())
```

```
print（test1）
test1['date']=pd.to_datetime（test1['date']，format='%Y-%m-%d'）
test1['timestamp']=pd.to_datetime（test1['timestamp']，unit='s'）
test1["sale"] = test1["sale"].astype（"int64"）
#转换后的数据格式以及数据内容
print（test1.info（））
print（test1）
data1_arrary=np.array（test1['sale']）
data1_list=data1_arrary.tolist（）
#转换前的数据格式及转换后的数据格式
print（type（test1））
print（type（data1_list））
```

〖任务检测〗

实操题

1. 根据提供的源文件 date.csv，将出生日期转换为统一的格式。

2. 根据提供的 4-3.xlsx 源文件，结合本任务里面的任务描述，处理日期格式，将时间戳转换为日期格式，将销售额转换为整型。

〖任务评价〗

评价内容	识记	理解	应用	分析	评价	创造	问题
日期格式处理							
数值格式处理							
教师诊断评语：							

项目五 数据可视化

数据可视化是大数据内在价值的最终呈现手段，已经成为大数据技术中一个重要组成部分。数据可视化借助图形化的手段，清晰有效地传达和沟通信息，帮助用户更加深刻地透过数据看清本质规律。实现数据可视化的工具有 Excel、Tableau、Echarts、Python 编程等。Python 编程数据可视化的可操作自由度更高，其中的 matplotlib 库与 seaborn 库可用于生成简单而强大的可视化图形，适合初学者与经验丰富的数据科学专业人士。

完成本项目需要具备的知识和能力：

- 了解并掌握 matplotlib 库
- 了解并掌握 seaborn 库

任务一　使用 matplotilib 实现可视化分析展示

〖任务描述〗

中职专业图书公司提供了各书店销售专业类图书的数据，希望巨蟒公司软件开发团队为其设计一段代码，实现自动展示各书店各类型书籍销售情况折线图、和邦书城各类型书籍占比饼状图以及各书店各自销售数量总和柱状图。

原始数据如图 5-1 所示。

中职专业图书公司2021年图书销售情况统计表					
书店名称	旅游管理类（本）	计算机类（本）	电子与信息技术类（本）	汽修类（本）	总销售量（本）
职通书店	700	1500	1000	2100	5300
胜学书店	900	1200	1350	1960	5410
和邦书城	1150	900	1400	1550	5000
忆念书社	1300	1260	1700	3200	7460
青年书社	1200	1600	1400	3100	7300
进取书店	900	1000	1100	3100	6100
榜样书苑	1200	800	1600	2500	6100

图 5-1　原始数据

〖知识准备〗

1. matplotlib 库与子模块 pyplot

（1）matplotlib 库

matplotlib 是一个用于在 Python 中创建静态、动画和交互式可视化的综合库。使用 Python 画图主要用到 matplotlib 库中的 pylab 和 pyplot 两个子库，可绘制折线图、散点图、柱状图、饼图、直方图、子图等。可以使用“pip install matplotlib”命令安装 matplotlib 库。

（2）pyplot 模块

pyplot 模块是 matplotlib 库中最核心的模块，pyplot 模块封装了很多画图的函数，能帮助用户快速绘制二维图表。例如，figure（ ）函数可用于创建图表；subplot（ ）函数可用于创建子图；show（ ）函数可用于显示图表。

【示例】

matplotlib.pyplot.figure（num=None，figsize=None，dpi=None，facecolor=None，edgecolor=None，frameon=True，FigureClass=<class'matplotlib.figure.Figure'>，clear=False，**kwargs）

num：可选参数，窗口的名称。如果不提供该参数，则创建窗口的时候该参数会自增。

figsize：可选参数，使用整数元组如（5，5）长 5 英寸、宽 5 英寸的大小创建一个窗口，默认是无。

dpi：可选参数，表示该窗口的分辨率。

```
# 从 matplotlib 中导入了 pyplot 绘图模块，并将其简称为 plt
import matplotlib.pyplot as plt
# 创建图表
plt.figure（ ）
# 创建 4*4 的图表矩阵，绘制的子图为矩阵中的 2 序号
plt.subplot（442）
# 显示所有图表
plt.show（ ）
```

运行结果如图 5-2 所示。

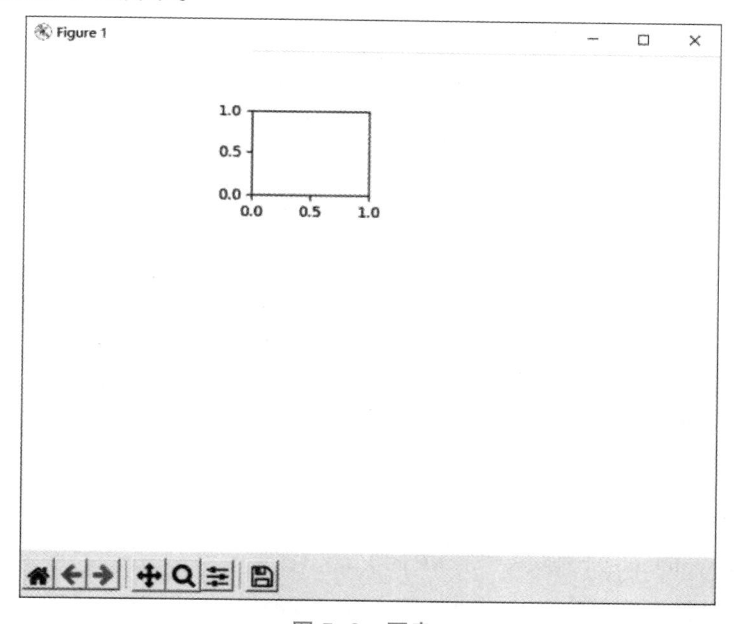

图 5-2 图表

（3）用于选择子图，使用 sca（ ）函数

```
# 从 matplotlib 中导入了 pyplot 绘图模块，并将其简称为 plt
import matplotlib.pyplot as plt
# 创建图表
plt.figure（ ）
# 创建 2*2 的图表矩阵，绘制的子图为矩阵中的 1，2 序号
ax1=plt.subplot（221）
ax2=plt.subplot（222）
```

```
# 选择子图 ax1
plt.sca（ax1）
# 在子图 ax1 中创建线型图
plt.plot（[1, 3, 5, 7, 9], 'b: *'）
plt.sca（ax2）
# 在子图 ax2 中创建线型图
plt.plot（[2, 4, 6, 8], 'r-.p'）
plt.show（）
```

运行结果如图 5-3 所示。

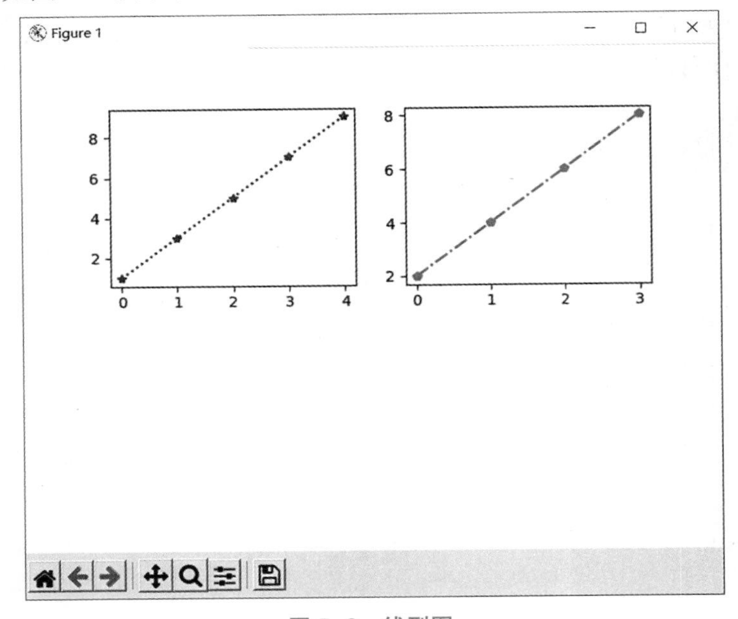

图 5-3　线型图

（4）用于设置 x，y 轴刻度值的范围，使用 axis（）方法

```
matplotlib.pyplot.axis（*args, **kwargs）,
matplotlib.pyplot.axis（[xmin, xmax, ymin, ymax]）
import matplotlib.pyplot as plt
plt.figure（）
# 设置 x, y 轴刻度值的范围
plt.axis（[0, 10, -10, 10]）
plt.show（）
```

运行结果如图 5-4 所示。

（5）用于设置坐标轴 x 轴标签，y 轴标签，标题标签，分别使用 xlabel（）方法、ylabel（）方法和 title（）方法

```
import matplotlib.pyplot as plt
```

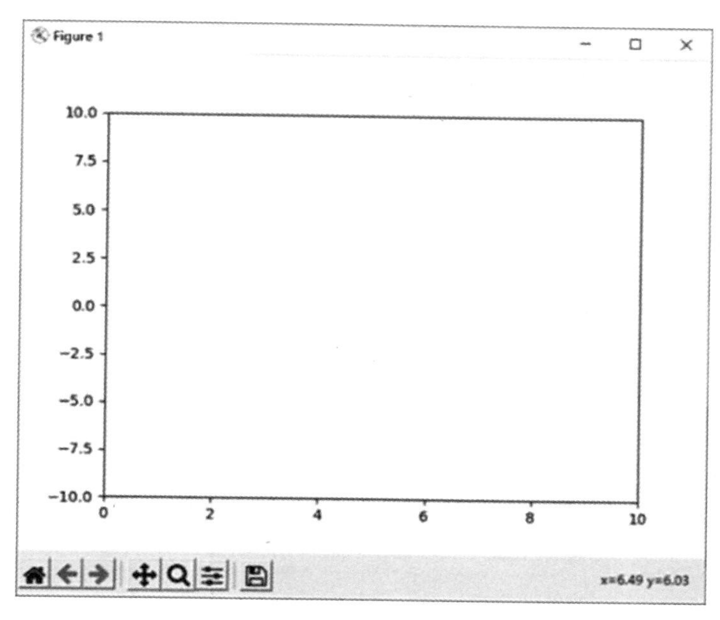

图 5-4 刻度值

```
plt.figure ( )
# 设置坐标轴 x 轴标签，y 轴标签和标题标签
plt.xlabel ( "xxxxx" )
plt.ylabel ( "yyyy" )
plt.title ( "title" )
plt.show ( )
```

运行效果如图 5-5 所示。

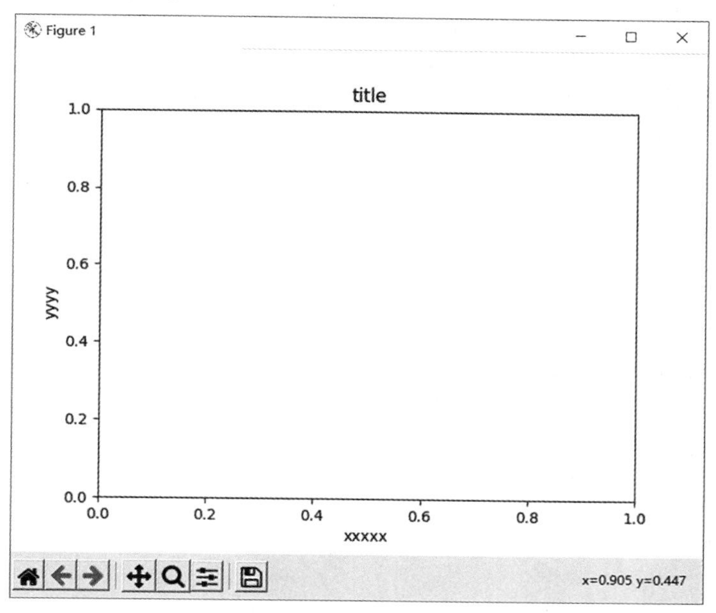

图 5-5 坐标轴 x 轴标签、y 轴标签和标题标签

（6）用于设置图例，使用 legend（ ）函数

ncol：表示图例显示列数

loc：表示位置。例如 loc=1 表示 upper right ，对照具体参数值如表 5–1 所示。

表 5–1　loc 位置参数设置

best	0
upper right	1
upper left	2
lower left	3
lower right	4
right	5
center left	6
center right	7
lower center	8
upper center	9
center	10

```
import matplotlib.pyplot as plt
plt.figure（ ）
y=[2，3，5，7，9]
y1=[1，4，6，8]
plt.plot（y，label='aaa'）
plt.plot（y1，label='bbb'）
#ncol 用于控制图例显示列数，loc 用于设置图例标签的位置
plt.legend（ncol=2，loc=2）
plt.show（ ）
```

运行结果如图 5–6 所示。

（7）保存图片，使用 savefig（ ）函数

实例化对象 fig = plt.figure（ ）

保存图片 fig.savefig（'./123.png'，dpi=500）

```
import matplotlib.pyplot as plt
# 实例化对象
fig = plt.figure（ ）
y=[2，3，5，7，9]
```

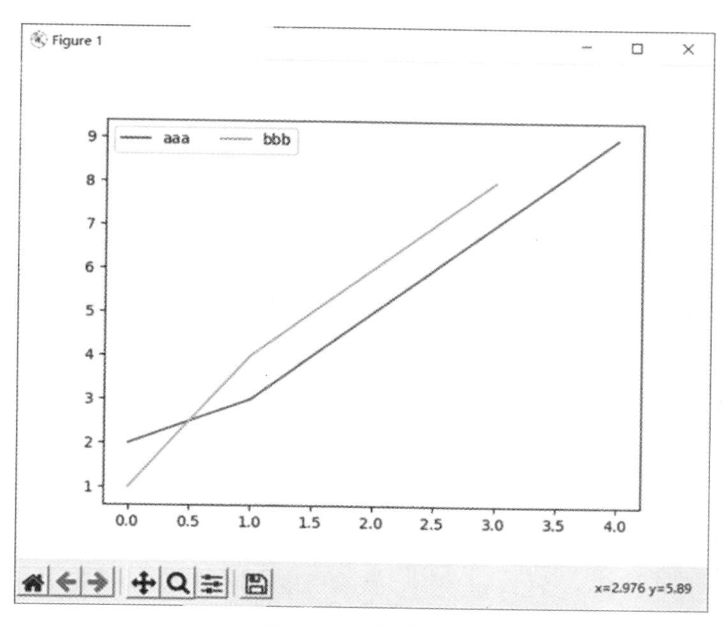

图 5-6 图例标签

```
y1=[1, 4, 6, 8]
plt.plot (y, label='aaa')
plt.plot (y1, label='bbb')
#ncol 用于控制图例显示列数, loc 用于设置图例标签的位置
plt.legend (ncol=2, loc=2)
# 保存图片
fig.savefig ('./123.png', dpi=500)
plt.show ()
```

生成图片，如图 5-7 所示。

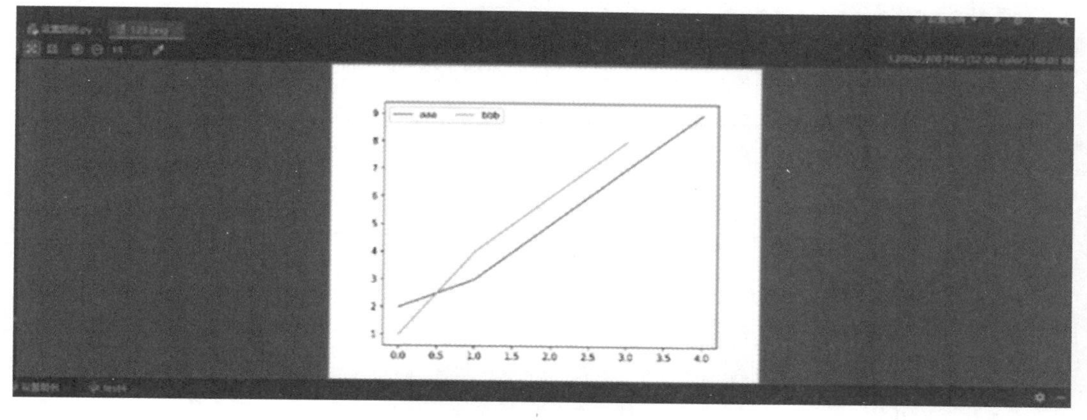

图 5-7 生产图片

2. 绘制线型图

（1）使用 plot（ ）函数绘制线型图

matplotlib.pyplot.plot（*args，scalex=True，scaley=True，data=None，**kwargs）

scalex：x 轴数据，列表或数组，可选。

scaley：y 轴数据，列表或数组。

**kwargs ：设置样式，可选。例如：'b：*'，可画多条曲线 ，其中包含颜色设置、线条样式设置、标记设置，各参数分别如表 5–2、表 5–3、表 5–4 所示。

表 5–2　color 颜色参数值

color 颜色	
'b'	蓝色
'g'	绿色
'r'	红色
'c'	青色
'm'	品红色
'y'	黄色
'k'	黑色
'w'	白色
'#ffffff'	RGB 某颜色
'0.5'	灰度值字符串

表 5–3　线条样式参数值

linestyle 线条样式	
'–'	实线样式
'––'	短横线样式
'–.'	点画线样式
'：'	虚线样式

表 5–4　标记样式参数值

marker 标记样式	
'o'	圆标记
'.'	点标记
'，'	像素标记
'p'	五边形标记
'*'	星形标记
...	....

（2）创建线型图代码

```
# 从 matplotlib 中导入了 pyplot 绘图模块，并将其简称为 plt
import matplotlib.pyplot as plt
#plt.plot（[1，3，5，7，9]）中的值 [1，3，5，7，9] 为 y 轴值，b 表示蓝色，：表示虚线样式，* 表示星形标记
plt.plot（[1，3，5，7，9]，'b：*'，[2，4，6，8]，'r-.p'）
plt.show（）
```

运行结果如图 5-8 所示。

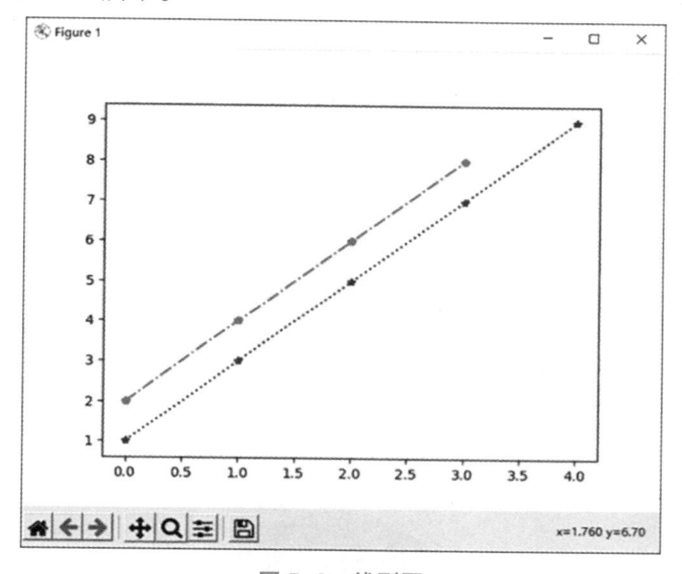

图 5-8　线型图

3. 绘制饼图

（1）饼图的用途

饼图用于显示一个数据系列中各项的大小与各项总和的比例，数据值显示为整个饼图的百分比。

【示例】

matplotlib.pyplot.pie（x，explode=None，labels=None，colors=None，autopct=None，pctdistance=0.6，shadow=False，labeldistance=1.1，startangle=0，radius=1，counterclock=True，wedgeprops=None，textprops=None，center=（0，0），frame=False，rotatelabels=False，*，normalize=None，data=None）[source]

x：数据，用于创建一个饼图，用 list 表示。

explode：用来指定每部分的偏移量，可选参数，用 list 表示。

labels：标签，可选参数，用 list 表示。

shadow：是否显示阴影，默认值 False。

autopct：显示比例，字符串表示。

pctdistance：数据标签距离圆心的位置，0–1 的值。

labeldistance：标签的比例。

startangle：开始绘图的角度。

radius：半径长，默认是 1。

（2）创建饼图的相关代码

```
import matplotlib.pyplot as plt
# 用列表存放的名称
labels=['Senior one', 'Senior two', 'Senior three']
# 用于饼图显示的值
nums=[988, 1000, 600]
# 指定偏移量
exp=[0, 0.1, 0]
#shadow 设置阴影为真。autopct="%0.2f%%" 保留小数点后两位的数据显示比例。
plt.pie (x=nums, labels=labels, explode=exp, shadow=True, autopct="%0.2f%%")
plt.show ( )
```

运行效果如图 5–9 所示。

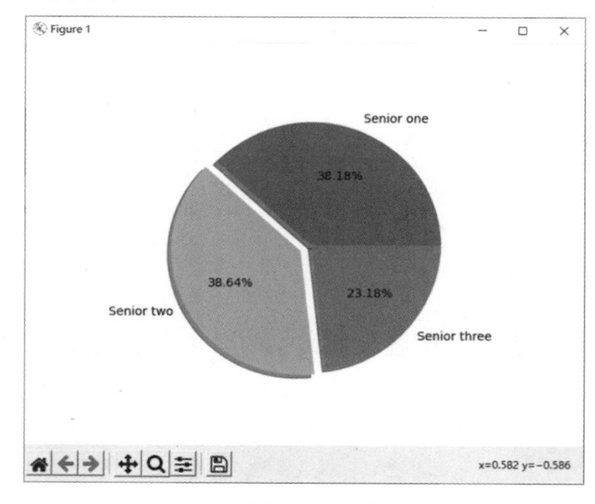

图 5–9　饼图

4. 绘制柱形图

（1）柱形图

柱形图是一种以长方形的长度为变量的表达图形的统计报告图，它由一系列高度不等的纵向条纹表示数据分布的情况，用来比较两个或以上的价值（不同时间或者不同条件）。柱形图只有一个变量，通常利用于较小的数据集分析。柱形图亦可横向排列，或用多维方式表达。

【示例】

matplotlib.pyplot.bar（x，height，width=0.8，bottom=None，*，align='center'，data=None，**kwargs）

x：柱子在 x 轴上的坐标，可以为字符串数组。

height：柱子的高度，即 y 轴上的坐标。

width：柱子的宽度，默认值为 0.8。

bottom：柱子的基准高度，默认值为 0。

align：柱子在 x 轴上的对齐方式。字符串，取值范围为 {'center'，'edge'}，默认为 'center'。

'center'：x 位于柱子的中心位置。

'edge'：x 位于柱子的左侧。如果想让 x 位于柱子右侧，需要同时设置负 width 以及 align='edge'。

（2）创建柱形图的代码

```
# 从 matplotlib 中导入了 pyplot 绘图模块，并将其简称为 plt
import matplotlib.pyplot as plt
plt.figure（）
# 用字符串表示的柱子在 x 轴上的坐标
x=['a'，'b'，'c']
# 柱子的高度
hight=3
# 柱子的宽度
width=0.2
#x 位于柱子的左侧
plt.bar（x，hight，width，align='edge'）
plt.show（）
```

运行结果如图 5-10 所示。

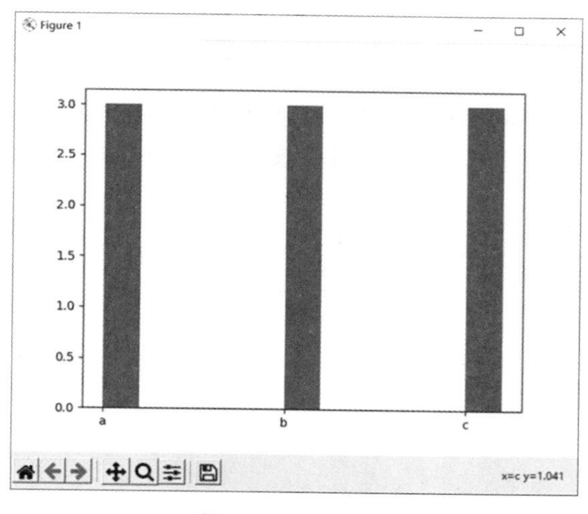

图 5-10 柱形图

〖任务分析〗

实现任务的方法与步骤：

方法一	方法二
引入 matplotlib、pandas、numpy 模块； 读取数据文件； 实现各书店各类型书籍销售情况折线图； 实现和邦书城各类型书籍占比饼状图； 各书店各自销售数量总和柱状图	此处由教师或学生自己思考方法实现任务

〖任务实施〗

引入 matplotlib、pandas、numpy 模块。

```
import matplotlib as mpl
import matplotlib.pyplot as plt
import pandas as pd
import numpy as np
# 设置字体中文显示
mpl.rcParams['font.sans-serif'] = ["SimHei"]
# 设置负号显示方式
mpl.rcParams['axes.unicode_minus'] = False
```

读取数据文件。

```
file = pd.read_excel（"excel-1.xlsx"，header=1）
# 修改默认列名
file.columns= [' 书店 '，' 旅游管理类 '，' 计算机类 '，' 电子与信息技术类 '，' 汽修类 '，' 总销量 ']
```

实现各书店各类型书籍销售情况的折线图。

```
# 添加数据
plt.plot（file[' 书店 ']，file[' 旅游管理类 ']，color='#4A7DBC'，linewidth=2.0，linestyle='-'）
plt.plot（file[' 书店 ']，file[' 计算机类 ']，color='#BE4B46'，linewidth=2.0，linestyle='-'）
plt.plot（file[' 书店 ']，file[' 电子与信息技术类 ']，color='#94BA57'，linewidth=2.0，linestyle='-'）
plt.plot（file[' 书店 ']，file[' 汽修类 ']，color='#7F5FA2'，linewidth=2.0，linestyle='-'）
# 设置横坐标轴标题
plt.xlabel（' 书店名称 '）
# 设置纵坐标轴标题
plt.ylabel（' 销售量 '）
# 设置图例
```

```
plt.legend（file.columns[1：]，loc='upper left'）
# 添加数据标签
plt.title（" 各书店各类型书籍销售情况 "）
for x，y in enumerate（file[' 汽修类 ']）：
    plt.text（x-0.13，y，'%s' %round（y），ha='center'，va= 'bottom'，fontsize=9）
# 显示图形
plt.show（）
```

实现和邦书城各类型书籍占比饼状图。

```
# 读取数据
data = file[2：3]
# 数据处理
soldNums = data[' 旅游管理类 '].values[0]/data[' 总销量 '].values[0]，data[' 计算机类 '].values[0]/data[' 总销量 '].values[0]，data[' 电子与信息技术类 '].values[0]/data[' 总销量 '].values[0]，data[' 汽修类 '].values[0]/data[' 总销量 '].values[0]
# 转换为列表
soldNums = list（soldNums）
# 创建颜色
colors = ['#4A7DBC'，'#BE4B46'，'#94BA57'，'#7F5FA2']
# 添加数据
plt.pie（soldNums，labels=data.columns[1：-1]，autopct="%3.1f%%"，colors=colors）
# 设置标题
plt.title（' 和邦书城各类图书占比 '）
# 显示图形
plt.show（）
```

各书店各自销售数量总和柱状图。

```
# 创建数据
x = np.arange（len（file））
y = np.array（list（file[' 总销量 ']））
# 添加数据
plt.bar（x，y，align="center"，color="b"，tick_label=file[' 书店 ']，alpha=0.6）
# 设置横坐标轴标题
plt.xlabel（' 书店名称 '）
# 设置纵坐标轴标题
plt.ylabel（' 总销售量 '）
# 添加数据标签
for a，b in zip（x，y）：
    plt.text（a，b，'%.0f' % b，ha='center'，va= 'bottom'，fontsize=11）
```

```
# 设置标题
plt.title（" 各书店销售总量 "）
# 显示图形
plt.show（）
```

〖任务检测〗

填空题

1. 从 matplotlib 中导入了 pyplot 绘图模块，并将其简称为 plt 命令____________。
2. 显示所有图表的函数是________________________。
3. sca（）方法用于___________________________。
4. axis（）方法用于__________________________。
5. xlabel（）方法、ylabel（）方法、title（）方法分别用于_________________。
6. savefig（）方法用于_________________________。
7. 绘制线形图的方法是_________________________。
8. 绘制饼图的方法是__________________________。
9. 绘制柱形图的方法是_________________________。

〖任务评价〗

评价内容	识记	理解	应用	分析	评价	创造	问题
matplotlib 库							
子模块 pyplot							
线型图							
饼图							
柱形图							
教师诊断评语：							

任务二 使用 seaborn 实现可视化分析展示

〖任务描述〗

未来中等职业学校抽取了高一年级 30 名学生的手机使用数据信息。希望巨蟒公司开发部人员设计一段代码以实现学生学习时间占比联合分布图、每周玩手机总时间的密度曲线图、按性别划分的各年龄段对应的游戏时间散点图。

〖知识准备〗

1. seaborn 库

seaborn 是一个基于 matplotlib 的 Python 数据可视化库。它提供了一个高级界面，用于绘制有吸引力和信息丰富的统计图形。可以使用“pip install seaborn”命令安装 seaborn 库。seaborn.set（ ）主要用于风格设置，可以设置绘图的背景色、风格、字型、字体等。

【示例】

● seaborn.set（context=‘notebook’，style=‘darkgrid’，palette=‘deep’，font=‘sans-serif’，font_scale=1，color_codes=True，rc=None）

seaborn.set_style（"whitegird"）：seaborn 有 5 个预设好的主题 darkgrid、whitegrid、dark、white、ticks，默认为 darkgrid。

● seaborn.despine（offset=10，left=ture）：去掉上边和右边框线。

offset: 图和轴线的距离；

left: 隐藏左边的轴。

● sns.set_context（"paper"，font_scale=1.5，rc={"lines.linewidth":2.5}）

"paper"：paper/talk/poster/notebook 每个单元格的大小

font_scale：字体的大小

lines.linewidth：线条的粗细

【示例】

```
import seaborn as sns
import numpy as np
import matplotlib.pyplot as plt
sns.set（style='darkgrid'，font_scale=1.5）
```

x = np.random.randn（100）

sns.distplot（x）

plt.show（）

运行结果如图 5-11 所示。

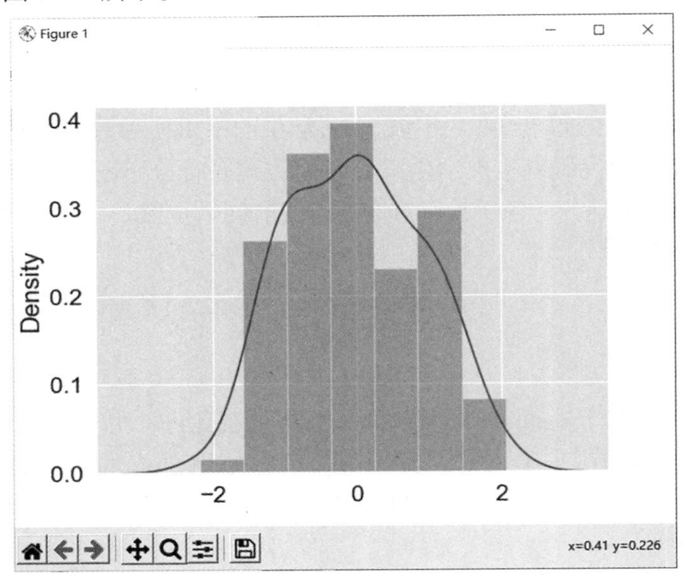

图 5-11　设置绘图风格

2. 绘制联合分布图

seaborn.joinplot（）主要用于绘制联合分布图，数据如图 5-12 所示。

seaborn.jointplot（x，y，data=None，**kwargs）

kind：设置类型，有“scatter”“kde”“hist”“hex”“reg”“resid”。

	A	B	C	D	E	F
1	total_mone	Game_cost	living_cos	save	sex	playtime
2	100	20	60	yes	m	2
3	120	40	80	no	m	3
4	80	20	60	no	w	0.5
5	150	0	100	yes	m	3
6	70	5	50	yes	m	2
7	110	30	90	no	w	1
8	100	10	80	yes	w	4
9	100	20	80	no	m	2
10	90	30	80	no	m	3
11	80	20	60	no	w	0.5
12	70	5	65	no	m	3
13	70	5	50	yes	m	2
14	80	30	50	no	w	1
15	100	10	80	yes	w	4
16						

图 5-12　原始数据

【示例】

```
import seaborn as sns
import numpy as np
import  matplotlib.pyplot as plt
import pandas as pd
imgs=pd.read_csv（'./messge.csv'）
print（imgs.head（））
#绘制出用于游戏花费的费用占比图
sns.jointplot（x='total_money', y='Game_cost', data=imgs）
plt.show（）
```

运行结果如图 5-13 所示。

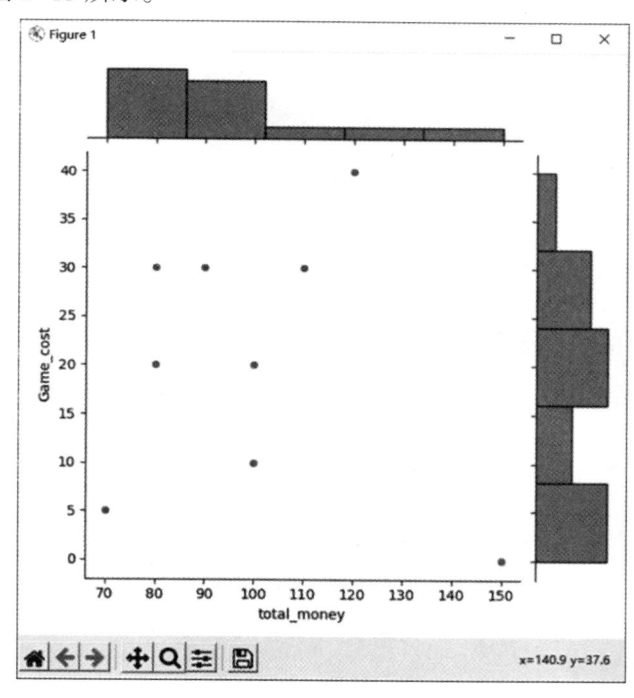

图 5-13 联合分布图

3. 绘制密度曲线图

seaborn.kdeplot（） 主要用于绘制密度曲线图。

```
seaborn.kdeplot（x=None, *, y=None, shade=None, **kwargs）
```

绘制出总费用的密度曲线图

```
sns.kdeplot（imgs['total_money'], shade=True）
```

运行结果如图 5-14 所示。

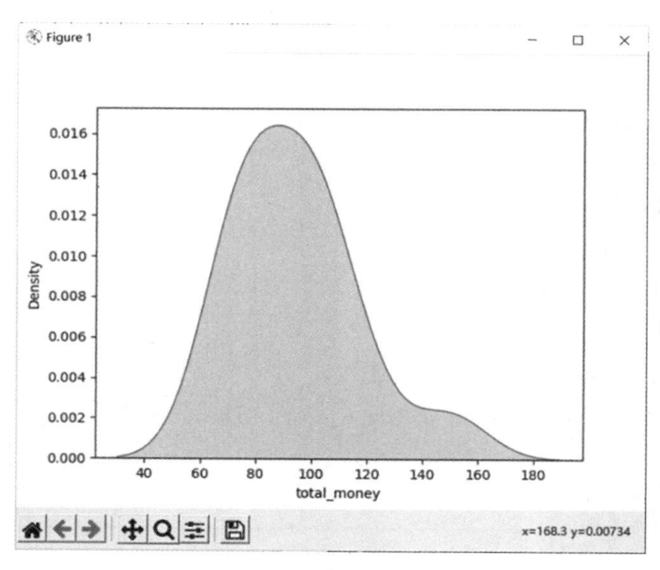

图 5-14　密度曲线图

4. 绘制散点图

seaborn.stripplot（ ）主要用于绘制散点图。

seaborn.stripplot（x=' ', y=' ', data=, jitter=True, hue = '', dodge = True）

jitter=True：加上抖动，把点进行左右偏移。

hue：按照某个属性值进行区别。

绘制出性别对应的生活费值，按照 save 进行区别。

sns.stripplot（x=imgs['sex'], y=imgs['living_cost'], data=imgs, jitter= True, hue = 'save', dodge = True）

运行结果如图 5-15 所示。

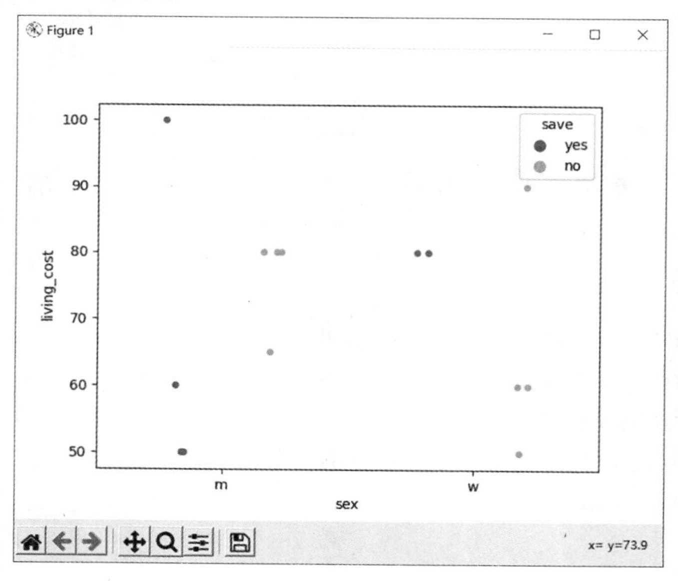

图 5-15　散点图 1

swarmplot（ ）与 stripplot 类似，但是不会重叠数据点。

seaborn.swarplot（x="", y="", , hue="sex", data=）

sns.swarmplot（x=imgs['sex'], y=imgs['living_cost'], data=imgs）

运行结果如图 5-16 所示。

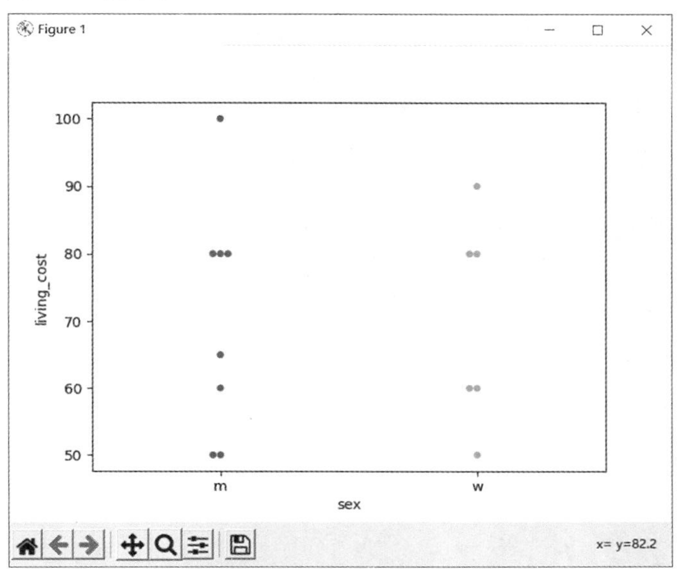

图 5-16 散点图 2

〖任务分析〗

实现任务的方法与步骤：

方法一	方法二
引入 seaborn、matplotlib、pandas 模块； 读入数据； 实现学生学习时间占比联合分布图； 实现每周玩手机总时间的密度曲线图； 实现按性别划分的各年龄段对应的游戏时间散点图	此处由教师或学生自己思考方法实现任务

〖任务实施〗

引入 seaborn、matplotlib、pandas 模块。

```
import seaborn as sns
import matplotlib as mpl
import matplotlib.pyplot as plt
import pandas as pd
mpl.rcParams['font.sans-serif'] = ["SimHei"]
```

mpl.rcParams['axes.unicode_minus'] = False

从文件读入数据。

data=pd.read_excel（'D:\ 桌面 \excel-1（2）（1）.xlsx'）

绘制出每周用于游戏花费的费用占比图。

sns.jointplot（x=' 周玩手机总时间 '，y=' 周青年学习时间 '，data=data）

plt.show（）

绘制出每周玩手机总时间的密度曲线图。

sns.kdeplot（data[' 周玩手机总时间 ']，shade=True）

plt.show（）

绘制出按性别划分的各年龄段对应的游戏时间散点图。

sns.stripplot（x=data[' 年龄 ']，y=data[' 周游戏时间 ']，data=data，jitter= True，hue = ' 性别 '，dodge = True）

plt.show（）

〖任务检测〗

填空题

1. 可以设置绘图的背景色、风格、字型、字体等的方法是________________。
2. 绘制联合分布图的方法是________________________。
3. 绘制密度曲线图的方法是________________________。
4. 绘制散点图的方法是_________________________。
5. 引入 seaborn 库并且指定别名为 sns___________________。

〖任务评价〗

评价内容	识记	理解	应用	分析	评价	创造	问题
seaborn 库							
图形风格设置							
绘制联合分布图							
绘制密度曲线图							
绘制散点图							
教师诊断评语：							